"十四五"职业教育国家规划教材

"十三五"职业教育国家规划教材

高职高专无人机应用技术专业系列教材

无人机驾驶基础及应用

主　　编　朱圣洁

副 主 编　黄华

参　　编　何秀玲　汤　迎　张智玮

机械工业出版社

本书从无人机应用领域的需求出发，以培养掌握无人机驾驶基础和应用技能的人才为目标，设置无人机驾驶训练目标、理论知识、飞行能力训练和应用技能4个模块，并配有经过教学实践检验、可操作性强、训练技能点多的4个实训和1套考核方案。通过本书的学习，读者可以掌握无人机系统组成、飞行原理、气象、飞行管理等知识，获得无人机应用的任务制定、航线规划和后处理技能。

本书可作为高职高专院校和应用型本科院校无人机应用技术专业及开设无人机应用相关专业的教材，也可供无人机驾驶执照培训单位、无人机驾驶职业技能培训单位和有无人机学习需求的个人使用和参考。

为方便教学，本书配有电子课件、教学视频等资源，凡选用本书作为授课教材的教师可来电（010-88379564）索取，或登录 www.cmpedu.con 网站，注册、免费下载。

图书在版编目（CIP）数据

无人机驾驶基础及应用/朱圣洁主编 .—北京：机械工业出版社，
2019.3（2025.1重印）
高职高专无人机应用技术专业系列教材
ISBN 978-7-111-61766-2

Ⅰ.①无… Ⅱ.①朱… Ⅲ.①无人驾驶飞机-驾驶术-高等职业教育-教材
Ⅳ.①V279

中国版本图书馆 CIP 数据核字（2019）第 020303 号

机械工业出版社（北京市百万庄大街22号　邮政编码100037）
策划编辑：冯睿娟　责任编辑：冯睿娟　陈文龙
责任校对：肖　琳　封面设计：严娅萍
责任印制：任维东
北京中科印刷有限公司印刷
2025 年 1 月第 1 版第 16 次印刷
184mm×260mm · 9.75 印张 · 232 千字
标准书号：ISBN 978-7-111-61766-2
定价：43.00 元

电话服务　　　　　　　网络服务
客服电话：010-88361066　机 工 官 网：www.cmpbook.com
　　　　　010-88379833　机 工 官 博：weibo.com/cmp1952
　　　　　010-68326294　金 书 网：www.golden-book.com
封底无防伪标均为盗版　机工教育服务网：www.cmpedu.com

关于"十四五"职业教育
国家规划教材的出版说明

为贯彻落实《中共中央关于认真学习宣传贯彻党的二十大精神的决定》《习近平新时代中国特色社会主义思想进课程教材指南》《职业院校教材管理办法》等文件精神，机械工业出版社与教材编写团队一道，认真执行思政内容进教材、进课堂、进头脑要求，尊重教育规律，遵循学科特点，对教材内容进行了更新，着力落实以下要求：

1. 提升教材铸魂育人功能，培育、践行社会主义核心价值观，教育引导学生树立共产主义远大理想和中国特色社会主义共同理想，坚定"四个自信"，厚植爱国主义情怀，把爱国情、强国志、报国行自觉融入建设社会主义现代化强国、实现中华民族伟大复兴的奋斗之中。同时，弘扬中华优秀传统文化，深入开展宪法法治教育。

2. 注重科学思维方法训练和科学伦理教育，培养学生探索未知、追求真理、勇攀科学高峰的责任感和使命感；强化学生工程伦理教育，培养学生精益求精的大国工匠精神，激发学生科技报国的家国情怀和使命担当。加快构建中国特色哲学社会科学学科体系、学术体系、话语体系。帮助学生了解相关专业和行业领域的国家战略、法律法规和相关政策，引导学生深入社会实践、关注现实问题，培育学生经世济民、诚信服务、德法兼修的职业素养。

3. 教育引导学生深刻理解并自觉实践各行业的职业精神、职业规范，增强职业责任感，培养遵纪守法、爱岗敬业、无私奉献、诚实守信、公道办事、开拓创新的职业品格和行为习惯。

在此基础上，及时更新教材知识内容，体现产业发展的新技术、新工艺、新规范、新标准。加强教材数字化建设，丰富配套资源，形成可听、可视、可练、可互动的融媒体教材。

教材建设需要各方的共同努力，也欢迎相关教材使用院校的师生及时反馈意见和建议，我们将认真组织力量进行研究，在后续重印及再版时吸纳改进，不断推动高质量教材出版。

机械工业出版社

无人机，特别是多旋翼无人机，在关键技术取得跨越式发展后被广泛应用于军事、航拍、遥感、生态、农林、救灾、执法、环保等领域。无人机驾驶技能是无人机应用的基础，无人机驾驶技能包含理论知识、飞行能力和应用技能。本书从无人机应用领域的需求出发，设置5个模块，包括11项单元、4个实训和1套考核方案，希望培养出更多掌握合格多旋翼无人机驾驶技能的人才。

本书具有以下特色：

1. 从教学实践、应用实践出发。本书在充分的教学实践基础上编写而成，设置内容均为无人机驾驶技能培养所必需的知识和能力。

2. 坚持岗位需求、能力需求。本书主要满足无人机应用行业的岗位需求，培养使用无人机开展工作的能力。

3. 完整的训练流程和工作流程。本书结合完整的飞行能力训练流程和应用实践工作流程来叙述。

4. 做中学，学中做。本书编写以"教、学、做一体化"为指导思想，在技能训练操作中讲述理论知识，将所学理论知识直接应用到技能训练中。

5. 立德树人，德技并修。本书以立德树人为根本任务，结合内容特点，以图文形式将国防教育、先进制造等相关知识融入教材，鼓励勤学苦练、求实创新、德技并修，培养高素质技术技能人才。

6. 深化"三教"改革，以教材为基础驱动课堂和教法改革。本书积极响应"三教"改革要求，建设新形态立体化教材，通过教材与课程一体化、理论和实践一体化、数字资源与教材内容一体化和分层分类考核方案，来驱动课堂改革和教法改革。

7. 通过行动导向，体现以学生为中心的思想。本书结构设置和编写内容经过充分的实践教学检验，依托产教融合总结的经验，以无人机驾驶技能和应用技能作为核心任务，配以必要的理论知识作为支撑，按项目实施，按步骤训练，行动导向，成果可视、可评价，体现以学生为中心的思想。

本书由朱圣洁任主编，负责模块3、模块4（单元9和单元10）、模块2（单元4）和附录的编写；黄华任副主编，负责模块1和模块2（单元5和单元6）的编写；何秀玲负责模块5的编写；汤迎负责模块4（单元11）的编写，张智玮负责模块2（单元3）的编写。全书由朱圣洁统稿。

本书在编写过程中受到广东省无人机环保应用工程技术研究中心共建单位的大力支持，郭璐璐高级工程师和马少杰高级工程师在无人机应用实践中提供技术指导，陆俞辰老师在图片拍摄和制作中提供技术指导。

由于编者水平有限，书中疏漏或谬误之处在所难免，望读者朋友们批评指正。

编 者

目 录

无人机驾驶基础及应用

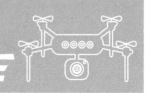

模块1 | 无人机驾驶训练目标

> **导学：** 无人机驾驶是无人机应用的基本技能，是培养无人机应用人才的起始步骤。

只有跨过无人机的驾驶门槛，才有可能激发对无人机的兴趣、理解无人机系统和进行无人机应用。无人机驾驶技能包含理论知识能力与实践综合能力。本模块设立单元1（认识无人机系统）介绍无人机系统知识，设立单元2（多旋翼无人机驾驶训练目标）明确成为合格多旋翼无人机驾驶员所需要掌握的技能。

单元1 认识无人机系统

1.1 无人机定义

无人机系统也称无人驾驶航空器系统，可以理解为由一个或多个无人机飞行平台、遥控站、指令与控制数据链路、数据存储和管理设备、满足任务需求的任务设备以及保障和支持设备等组成的系统，如图1-1所示。

无人机飞行平台是无人机系统的飞行运载工具，也被称为无人驾驶航空器，是一种由遥控站管理、可以进行手动操控或自主飞行的航空器。无人机飞行平台是无人机系统中最容易被大众识别的部分，人们往往对在天空中运行的无人机飞行平台印象最为深刻，常常用"无人机"直接指代无人机系统。但无人机飞行平台仅是无人机系统中的一部分，无人机飞行平台要发挥其功能，离不开系统中各个方面的支持。

无人机系统的运行需要人员进行管理，无人机系统的运行人员通常包括无人机运营人、无人机机长和无人机驾驶员，执行飞行任务时需要配置观测员，如有必要也需配置若干技术和后勤支援人员，形成工作小队。无人机运营人，是指从事或拟从事航空器运营的个人、组织或者企业。无人机机长，是指在系统运行时间内负责整个无人机系统运行和安全的驾驶员。无人机驾驶员，是指由运营人指派对无人机的运行负有必不可少职责并在飞行期间适时操纵飞行的人。无人机观测员，是指在无人机执行任务时通过目视观测无人机的飞行状况，协助驾驶员安全飞行的人员。技术和后勤支援人员可能是设备维保人员、应用设备技术员、应用指导专家、其他支援人员等。以上人员配置对应的是岗位要求，在飞行任务中一个人员

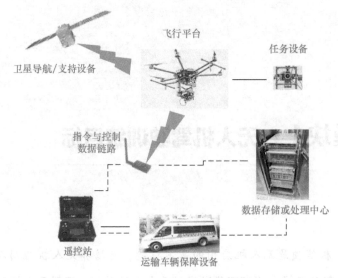

图 1-1　无人机系统组成示意图

可以承当多个岗位，如无人机运营人员也可以充当观测员或应用指导专家，无人机驾驶员也可以充当设备维保人员。

　　值得注意的是，无人机是无人在飞行平台内进行驾驶活动的飞机，而不是不载人的飞机，国内外很多企业都在研制载人的无人机，亿航智能的多旋翼载人无人机（见图 1-2）已经过多轮飞行测试。其次，无人机也不同于模型航空器（航模飞机），更不是玩具，模型航空器一般不具有控制链路回传遥控站（台）功能或者自主飞行功能。

图 1-2　亿航智能官网展示的 Ehang184 载人无人机

1.2　无人机的分类

　　无人机种类繁多，其直观差别主要体现在飞行平台部分，由于不同任务的需要，使其在飞行原理、尺寸、质量、航程、航时、飞行高度、飞行速度、操控性能以及载荷等多个方面都存在差异，形成了多功能、多样化的无人机形态。无人机分类主要考虑以下几个方面：一是满足识别和区分无人机的需求；二是有利于无人机的规范化发展；三是编写无人机设计规范或标准需要（对于不同类型的无人机，其设计标准有所差别）；四是便于无人机运行的分类管理。下面介绍几种无人机常见的分类。

1. 按飞行平台构型分类

按飞行平台构型划分是无人机中最常用的分类方式，无人机根据飞行平台不同可分为固定翼无人机、无人直升机、多旋翼无人机、复合翼无人机、柔翼无人机、无人飞艇和扑翼无人机等（见表1-1）。其中，从飞行原理的角度出发，多旋翼无人机在大类上属于直升机类别，但由于多旋翼机型数量在民用领域占绝对优势，为方便表述，多旋翼无人机常常和无人直升机分开，单独成为多旋翼类别。

表1-1 部分无人机系统飞行平台举例

固定翼无人机	无人直升机
 中航工业—翼龙系列固定翼无人机	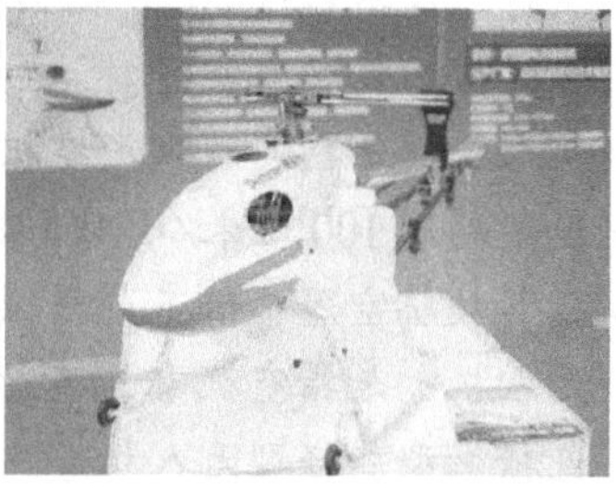 高科新农—S40 无人直升机
多旋翼无人机	复合翼无人机
 大疆创新—经纬 M600 六旋翼无人机	 四川长虹—虹翼 5G 复合翼无人机
无人飞艇	扑翼无人机
 中航工业特飞所—金雕系列无人飞艇	 广东省航空航天装备所—微型扑翼无人机

2. 按所属分类

无人机按所属分类可分为民用无人机和军用无人机。民用无人机是指用于民用航空活动的无人机；军用无人机是指用于民用航空活动之外的无人机，包括用于执行军事、海关、警察等飞行任务的无人机。在技术上民用无人机和军用无人机有许多共通之处，在管理上民用无人机和军用无人机有较大的差别。本书主要讨论民用无人机，为简化阅读，未加特别注明的无人机，均指民用无人机。

3. 按重量分类

按重量分类是无人机飞行管理中较常使用的分类方式。比如《无人驾驶航空器飞行管理暂行条例（征求意见稿）》中将无人机分为微型、轻型、小型、中型、大型几个类别：

微型无人机，是指空机重量小于 0.25 千克，设计性能同时满足飞行真高不超过 50 米、最大飞行速度不超过 40 千米/小时、无线电发射设备符合微功率短距离无线电发射设备技术要求的遥控驾驶航空器。

轻型无人机，是指同时满足空机重量不超过 4 千克，最大起飞重量不超过 7 千克，最大飞行速度不超过 100 千米/小时，具备符合空域管理要求的空域保持能力和可靠被监视能力的遥控驾驶航空器，但不包括微型无人机。

小型无人机，是指空机重量不超过 15 千克或者最大起飞重量不超过 25 千克的无人机，但不包括微型、轻型无人机。

中型无人机，是指最大起飞重量超过 25 千克不超过 150 千克，且空机重量超过 15 千克的无人机。

大型无人机，是指最大起飞重量超过 150 千克的无人机。

其他文件也有将无人机按重量分为Ⅰ、Ⅱ、Ⅲ、Ⅳ等类别。

4. 按活动半径分类

无人机按活动半径可分为超近程无人机、近程无人机、短程无人机、中程无人机和远程无人机。超近程无人机活动半径在 15km 以内，近程无人机活动半径在 15~50km，短程无人机活动半径在 50~200km，中程无人机活动半径在 200~800km，远程无人机活动半径大于 800km。

5. 按任务高度分类

无人机按任务高度可以分为超低空无人机、低空无人机、中空无人机、高空无人机和超高空无人机。超低空无人机任务高度一般在 0~100m，低空无人机任务高度一般在 100~1000m，中空无人机任务高度一般在 1000~7000m，高空无人机任务高度一般在 7000~18000m，超高空无人机任务高度一般大于 18000m。

1.3 无人机的应用

无人机早期主要应用于军事领域，随着技术的不断发展，如今已被广泛应用于测绘、航拍、电力、生态、农林、救灾和执法等领域，形成巨大的民用无人机市场。无人机不仅在已应用的领域不断深入，在新领域也不断拓展，已成为构建智能化、数字化工作与生活的优秀应用平台，拥有良好的发展前景。下面对部分无人机应用领域做一些简介。

1. 无人机在军事方面的运用

军事需求催生前沿技术，我们现代生活使用的互联网、全球定位系统、计算机等都源于军事应用需要，无人机技术也是如此，最早使用的无人飞行器是制导炸弹和巡航导弹。军用无人机属于特殊用途的无人机，其管理不属于民用无人机范畴。

自1917年英国人研制了世界上第一架无人机后，无人机经历了无人靶机、预编程序控制无人侦察机、指令遥控无人侦察机和复合控制多用途无人机的发展过程，用于训练、侦察、诱饵甚至战斗。起初由于技术限制，无人机能力被严重低估，直至20世纪后期的海湾战争中，世界各国才又渐渐认识到无人机在战争中的作用，竞相把新技术应用到无人机的研制与发展上，追求无人机的高空长航时化、隐形化、空中预警化、察打一体化甚至空中格斗化。

美国目前是无人机技术领先的国家，已经发展了重、中、轻型和远、中、近程配套成族、系列发展的无人机装备，比较著名的有"全球鹰""捕食者""死神"等，有望代替有人机的"X-47B"舰载无人机已经完成了在航母上的自主起降。以色列由于常年战争威胁的存在，在无人机研究领域实力也十分雄厚，有"竞技神"系列和"苍鹰"系列等军用无人机。欧洲多采用联合研制方式，将战斗无人机作为重点发展方向，有"神经元""梭鱼"和"雷神"等已装备或正在研发的产品。俄罗斯也装备有相当数量的无人机，但整体技术落后于美国和以色列，俄政府已意识到这一问题，正在积极研制完整系列的攻击机和侦察无人机。

我国在无人机技术上起步较晚，但发展迅猛、体系完整，已经走上了颇具特色的全面发展道路，无可置疑地加入无人机第一梯队，最近对外展示的数十种无人机就足以证明。我国也首先将高技术的察打一体无人机出口海外，并取得作战战绩，如图1-3所示。目前，我国有"彩虹"系列、"翼龙"系列、"翔龙""WJ-600""暗剑""刀锋"和"夜鹰"等多种新型无人机。我国还研制了其他用途的军用无人机：陆军解放军炮兵学院研制的"T-6无人机作战系统"，是炮兵对目标实施侦察、校正的重要手段；西部战区"猎豹"特战大队装备了空中侦察"W-1天鹰无人侦察机"；武警工程学院空中机器人研制小组研制的"天眼"反恐无人直升机，担负着处突任务，垂直升空后可以完成捕获地面动静目标、即时自动识别、定点投弹、精确打击等任务。

2. 无人机在影视拍摄中的应用

无人机不仅在军事方面成果显著，在民用领域也凭借其机动灵活的优势迅速拓展应用行业，不知不觉深入到我们的生活中，这种润物细无声的影响突出地体现在影视拍摄方面。

无人机航拍业已成为影视界重要的拍摄方式之一，跟传统有人飞机航拍方式相比较，无人机航拍更为经济、安全、便于操控，比起地面拍摄有更多角度的选择优势，很多镜头是地面拍摄无法获得的。无人机航拍因此受到了影视创作与技术人员的热捧。应用无人机航拍制作的影视作品也层出不穷，专题片、影视剧、广告宣传片、新闻、综艺节目等均频繁采用无

图 1-3　出口伊拉克的中国彩虹 4 察打一体无人机及其攻击恐怖分子画面

人机航拍成果作为素材，展现了良好的视觉效果，丰富了观众的观赏体验。

图 1-4 展示了影视作品中使用无人机的案例，随处可见的无人机航拍镜头极大地丰富了人们的精神生活。无论是日常的新闻报道，还是炙手可热的综艺节目，又或是经典大片等，都能从台前幕后发现无人机的踪影，随着无人机的小型化、智能化和普及化，家庭娱乐也能使用无人机了。

3. 无人机在执法和应急方面的应用

无人机，特别是多旋翼无人机，凭借其成本低、易操纵、高度灵活和飞行稳定等优点，能够完成空中监控、日常巡逻、搜索跟踪等任务，受到了执法部门的青睐，不同部门执法无人机队伍如雨后春笋般出现。

新浪网、人民网、和合承德网、中山网、齐鲁晚报网等新闻媒体均对无人机投入执法应用有过报道。2013 年 12 月，"鹰眼"无人机在广东省公安厅某次扫毒行动中，为公安部门提供 84 个疑似制贩毒窝点的精确地理位置数据；2015 年 12 月，江西交警使用无人机航拍高速车祸拥堵和占道违法现象；2016 年 4 月，中山市环境监察分局对某涂装工艺厂高空设置的废气烟囱排污口进行高清执法拍摄；2018 年 8 月，济南市应用无人机摸查违章建筑。在执法中，无人机成为一个高性能平台，搭载不同的设备可以实现不同的功能。普通的可见光相机拍摄的成果就能被执法部门使用，通过对村镇高清图像的获取可以识别违法搭建情况，如图 1-5 所示。对于特殊需求的应用场景，可以配备特定的任务设备，如热成像设备在夜间或存在遮蔽时能更好地发挥作用，高倍的相机能够清楚地分辨车牌号码，喊话设备能够发布避险信息等。

无人机也应用于突发事件等应急工作。无人机在空中完成特殊任务时，生存能力强、机动性能好、使用方便，并且无人机能利用搭载的高灵敏度照相机进行不间断的画面拍摄，获取影像资料，并将所获得的信息和图像传送回地面。如遇到突发事件、灾难性事件等，可迅

a) 某综艺节目中使用的大疆"悟"画面截图

b) 某新闻节目中的无人机航拍洪水灾害的画面截图

c) 无人机拍摄的乡村宣传视频画面

图1-4　无人机在影视航拍方面的应用

速实现实时现场视频画面传输，辅助指挥者进行科学判断和决策，成为一种不可多得的重要工具，无论是日常的巡逻监视，还是搜寻救援、防暴搜捕、毒品稽查等突发情况，无人机都可以应付自如。比如，在古雷 PX 火灾救援现场（见图 1-6a），福建省测绘院使用无人机获取火灾现场第一手资料，为抢险救援指挥部的科学决策提供重要依据；浙江在线（嘉兴）也有报道使用无人机获取嘉兴洪水灾害情况（见图 1-6b）。

图1-5　城市管理部门能够依据无人机航拍成果识别违法搭建情况

a）无人机在古雷PX火灾救援现场

b）无人机获取的浙江嘉兴洪水灾害情况

图1-6　新闻媒体报道的无人机在应急救灾中的应用

4. 无人机在农林方面的应用

2014 年中央 1 号文件《中共中央国务院关于全面深化农村改革加快推进农业现代化的若干意见》明确提出"加强农用航空建设"的目标。农用无人机作为农用航空建设的范畴，随着技术的进步，逐渐由一般农业机械向高度机械化、智能化方向发展，从而迈入高端农机装备行列。2016 年，国家提出大规模推进高标准农田建设，到 2020 年确保建成 8 亿亩（1 亩 =666.6m^2）、力争建成 10 亿亩集中连片的高标准农田，这在客观上为农用无人机的发展提供了政策支持，这也是对农业无人机是否能干活、能否干好活的考验。

在发达国家，无人机遥感技术在农业方面已开展了广泛的应用。美国农业部应用无人机搭载可见-近红外相机采集田间作物信息，在作物长势和氮素营养监测上进行应用尝试并取得了实效；日本第一规划测量土木设计公司研发的搭载紫外线照相机的无人机，可从各个角落、在高度为 200～300m 的低空对稻田进行航空摄影，以获取高精度的水稻生长信息，并将信息提供给当地农协组织或通过网络发布。无人机遥感技术在精细农业方面也得到了大量应用。在日本、韩国、澳大利亚等国家，2400架雅马哈RMAX无人直升机已经被广泛用于农田监测与管理，并取得了良好的效果。我国农业用地分散和多样的特点给无人机提供了广阔的舞台，以喷洒农药为主的植保无人机在我国发展迅速，极飞科技的植保无人机（见图1-7）是其中的典型代表之一，无人机是我国智慧农业的重要组成部分。

图1-7　极飞科技官网展示的植保无人机

无人机在林业方面应用较多的是森林火情巡查监测，在应用中融合了无人机平台、全球定位技术、热红外成像技术、高清数字图像传输技术等高新技术。西班牙将无人机系统用来探测、确认、定位和监视森林火灾，在没有火灾的时候用无人机来监测植被情况，估算含氢量和火灾风险指数。2006年10月，NASA和美国林业局在加利福尼亚州使用"牵牛星"（Altair）无人机在森林大火上空进行飞行，使用红外扫描器查明了主要火灾点，并将数据发送给地面站，每隔30min就向地面中继传输火灾图像，大大提高了森林火灾实时态势的感知能力。2017年，我国"彩虹-4"无人机也被应用于大规模林区的防火防灾预警工作中，展现了无人机良好的军民两用性能。

5. 无人机在环境保护方面的应用

无人机技术同样也适合环境保护工作的应用，前述执法应用中即有环境监察部门使用无人机辅助执法。环境保护工作涉及大气、水、土壤、生态等众多领域，从科学研究、工程应用到社会管理、产业发展等都能与之建立联系，能够给无人机提供广泛的应用舞台，同时环境保护工作也需要无人机提升其智能化和数字化水平。下面列举几个无人机环保应用例子，仅供参考。

（1）生态管理和保护

无人机配备摄像头和全球定位功能，可以跟踪野生动物或拍摄植物群落，开展生态调查。例如，自然资源部门和科学家们需要跟踪动物个体（它们可能或没有佩戴跟踪项圈）以及更大的生物群，以便更好地理解它们的习性，就可以使用无人机从远方观察栖息地和动物，这样既能有效地观察动物活动，也可以减少对动物的干扰。

（2）大气污染监管

无人机监管具有速度快、通过力强、视野范围大、效率高等优点，能够收集企业大气污染物排放的第一手资料。近几年来，国内对于无人机技术与大气污染监测相结合的研究才刚刚开始，目前主要用于环境监管、环境应急和部分大气环境指标监测，其中可监测的指标主要包括臭氧、颗粒物、温度、湿度、NO_2和压力等。2013～2014年，原国家环境保护部联合多部门在华北地区开展"整治违法排污企业保障群众健康环保专项行动",使用无人机技术对企业进行摸查,本次行动共检查企业 254 家。经初步判定,本次行动发现疑似存在环境问题的企业 64 家。各地市环保局也纷纷装备无人机投入到大气环境监管中,实践证明,无人机对工地扬尘(见图 1-8)、道路扬尘、企业物料堆存、秸秆燃烧等大气污染源有较强的监管能力。

图 1-8 环境保护部门利用无人机对建筑工地扬尘进行监管

(3)水资源的保护和监管

无人机速度快、通过力强、视野范围大、效率高的优点同样也适用于水资源的保护和监管,图 1-9 所示为某河流及周边情况图像。无人机在海洋中的应用技术相对较为成熟,监测指标主要涵盖了水温、赤潮、海上溢油、水深、藻华等,传感器包括照相机、多光谱成像

图 1-9 无人机获取的河流及周边情况图像

仪、CCD 摄影机、轻型红外航拍仪、激光测深仪、成像光谱仪、化学传感器等。无人机在内陆水域的监管应用也发展很快，2015 年 3 月，韩江流域管理局就使用无人机组织对大埔河段开展陆空巡查工作，为该河段存在水库内网箱养殖、水浮莲繁殖、违规搭建阻碍行洪设施以及河道违法采砂等问题收集第一手材料。

（4）环境监察

无人机用于环境监察主要是以遥感（UAVRS）技术作为航空遥感手段，具有续航时间长、影像实时传输、高危地区探测、成本低、分辨率高、机动灵活等优点，是卫星遥感与有人机航空遥感的有力补充。目前我国已启用无人机对一些重污染区域进行高空排查（见图1-10），以进一步扩大巡查范围，能够有效解决污染企业过于分散、发现不全等问题，巡查范围包括水环境、大气环境等。无人机技术在环境监察方面有较大的发展前景，这种发展不仅体现在技术的提升上，还包括应用方法的创新。

图 1-10　世賽智能使用无人机配合环境监察执法

6. 无人机在测绘和电力巡线方面的应用

（1）测绘

测绘对无人机的需求是显而易见的，在无人机出现前，中低空测绘主要使用有人机，使用成本较高。无人机遥感测绘出现后，大大地改变了航空测绘的面貌，中低空测绘大量使用无人机系统。较早的无人机测绘技术门槛和成本门槛都比较高，随着无人机技术的突破性发展和应用软件功能的增强，无人机测绘由高门槛向普遍应用发展，应用于测绘的无人机系统越来越小型化和智能化（见图1-11）。在测绘工程中，无人机的主要作用是获取用正射图像编制的带有公里格网、图廓内外整饰和注记的平面图、数字正射影像，也可以形成三维影像图、高程信息影像图等，用于后续应用。目前，随着测绘无人机的智能化程度日益提高，部分测绘无人机可以做到放飞后不管，完全自主地执行既定任务并安全返回。

（2）电力巡线

无人机电力巡线因其方便快捷、数据清晰、自动化程度高等特点被越来越多的供电公司所接受，已形成《架空输电线路无人机巡检作业技术导则》（DL/T1482—2015）。无人机电力巡线和农林植保一起占据了无人机第三方服务的很大一部分。传统的电力巡线需要训练有素的工人穿山越岭或者直接在线路上行走。对于高压线路而言，巡检工人进行带电作业，人身安全受到很大的威胁，而且步行速度缓慢、效率很低。另外，巡线效果不可表现，完全取

图 1-11   瑞士 ebee 无人机测绘应用示意图

决于巡检工人的技能熟练度和责任心，具有较大的偶然性。无人机则不受山川河流限制，可以直接沿线路飞行，将实时图像传到地面或保存起来，满足故障识别的需要，操作人员可在地面操作，十分安全。无人机电力巡线技术发展迅速，已不满足于拍摄＋识别的工作模式，借助先进终端可以实现自动检测故障部位，具有效率高、效果好、过程可控等优点，配置喷火、电割等清除杂物的无人机还能够实时处理线路上的塑料袋、鸟粪、树枝等杂物。图 1-12 所示为国网湖北宜昌供电公司利用无人机对三峡外送输电线路进行安全巡检。

图 1-12   国网湖北宜昌供电公司利用无人机对三峡外送输电线路进行安全巡检

7. 无人机在其他方面的应用

除以上应用外，无人机在家庭娱乐、快递物流、艺术表演（见图 1-13）、科技表演、国土资源、通信中继和边境巡逻等领域都有优异的表现和良好的发展前景，随着无人机系统技术的不断发展，各行业对无人机技术认识的不断加深，无人机系统应用的行业将不断拓展。

图 1-13　无人机在其他方面的应用

1.4　无人机的发展趋势

无人机技术丰富多样，但从无人机技术发展历程来看目前仍处于朝阳阶段，无人机技术无论是在改进余地，还是在新领域的拓展上都拥有极大的空间，未来无人机的发展方向是多样的，下面介绍其中最为主要的几个方面。

（1）长航时

飞行平台续航时间短是目前困扰民用无人机系统主要的技术难题之一，如民用领域使用数量最多的机型为电力驱动的多旋翼无人机，其续航时间很难超过 30min，在大负载下续航时间进一步缩短。油动的无人机续航时间较长，但也带来结构复杂、使用维护不方便等问题，因此通过增强动力电池的性能来提高无人机的续航时间是十分有效的途径之一。当然也可以通过其他方式来提高续航时间，比如复合翼无人机是从飞行方式上提高，系留无人机是在能源持续供给的角度提高，太阳能无人机是从能源结构的方面提高。总之，在成本可控的情况下追求无人机的长航时是无人机的重要发展方向。

（2）可靠性

无人机的可靠性与飞行风险密切相关，高可靠性的民用无人机在作业时飞行风险极小。目前的民用多旋翼无人机的可靠性已能令人满意，但仍有改进的空间。无人机的可靠性主要体现在无人机结构的可靠性、无人机设备的可靠性、无人机通信链路的可靠性、无人机传感器的可靠性等方面。

（3）智能化

高智能化无人机使应用更加方便是毋庸置疑的，目前的无人机已有一定程度的智能化，比如避障能力、手势控制能力、航线规划能力等，但全面满足生活和工作的需求仍有相当长的路要走。无人机的环境感知能力是智能化的重要前提和表现形式，无人机首先要能识别周围环境，才能做出判断并执行动作。智能化的另一个表现是无人机的综合决策能力，无人机能够对获取的数据进行分析处理并做出决策建议，能够大大缓解无人机操作员的负担，在更近一步 AI 化以后，无人机甚至能够不受人干预而完成任务。

（4）协同飞行

多机协同是无人机系统发展的重要方向之一，无论在军用领域还是民用领域均有较高的应用价值。在军用领域，多机协同、编队飞行能形成蜂群作战的效果。由于集群无人机是一

个自组织的系统，系统中每个个体彼此平等，不存在绝对的领导者，故无人机集群具备很强的抗摧毁性，失去一部分单体无人机并不会对整个集群造成致命的影响。作战时，无人机集群可以在数量上压制防空系统，即使有所牺牲，也总有一两架无人机能顺利完成作战目标。无人机集群也可以和有人作战飞机进行混合编队，达到更优的作战效果。在民用领域最常见的协同飞行就是无人机表演，零度、亿航、英特尔等多家无人机公司均进行过大型的室外无人机编队表演，编队的数量和图案的难度都在不断地刷新纪录，室内无人机协同表演也在迅速发展。未来无人机协同飞行还会进一步发展，在军事、表演、搜救、农业等领域发挥作用。

（5）其他

除以上发展方向外，无人机技术也向着隐身化、高速化、微型化、综合的任务设备等方向发展。隐身化主要是军用无人机的需求，无人机由于体型小、速度普遍较慢、制造材料多为非金属等原因，本来雷达的反射面积就远小于有人机，如果采取隐身化设计则更难被发现了，能更隐蔽地完成任务。高速化同样较大程度地体现了军用的需求，高速的无人机能够快速接近攻击目标，缩短攻击距离。小飞机大功能是较良好的配置，如何缩小飞机的尺寸和重量却不减弱其功能，就需要微型化技术的助力。综合的任务设备是对无人机任务设备的要求，要求其能尽可能多地获取多样化的数据，如美国的"捕食者"无人机安装有观察仪、变焦彩色摄像机、激光测距仪、红外传感器、CCD 相机、合成孔径雷达等，可以综合收集情报。

单元 2   无人机驾驶训练目标

2.1   驾驶技能训练目标

要将无人机系统应用于工作和生活，首先要掌握基础的无人机驾驶技能，无人机驾驶技能根据行业应用的需求差异会有不同要求，但大体可分为理论知识的学习、飞行能力的训练和应用技能的掌握。为更好地理解无人机驾驶技能要求，可以将无人机驾驶技能与汽车驾驶技能类比。

根据《机动车驾驶证申领和使用规定》，机动车驾驶员申请者首先要满足身份证明、年龄、身体条件、辨色能力、违法犯罪限制要求、事故限制等资格要求后才能进行驾驶证申请考试。由于车型不同和驾驶危险性不同，申请者在学习前还需确定考试车型，《机动车驾驶证申领和使用规定》将准驾车型分为 A1 大型客车、A2 牵引车和 A3 城市公交车三个大类，每个大类又分为若干小类，不同类型的驾照有高低之分，高级别的驾照可准驾低级别驾照的车型。如普通家用小汽车驾照类型为 C1，属于 A3 城市公交大类，准驾小型、微型载客汽车以及轻型、微型载货汽车、轻、小、微型专项作业车，也准驾 C2、C3、C4 类型车。满足资格审核和确定准驾车型后，可以申请参加机动车驾驶证考试。

机动车驾驶人考试内容分为道路交通安全法律、法规和相关知识考试科目（简称"科目一"）、场地驾驶技能考试科目（简称"科目二"）、道路驾驶技能和安全文明驾驶常识考试科目（简称"科目三"，安全文明驾驶常识考试科目俗称"科目四"）。考试内容和合格标准全国统一，根据不同准驾车型规定相应的考试项目。

无人机驾驶员的管理也有类似要求，根据中国民用航空局制定的《民用无人机驾驶员管理规定》（AC-61-FS-2018-20R2），对申请民用无人机驾驶员执照所需提交的材料要求如下：

1）身份证明。

2）学历证明（如要求）。

3）相关无犯罪记录文件。

4）理论考试合格的有效成绩单。

5）原执照（如要求）。

6）授权教员的资质证明。

7）训练飞行活动的合法证明。

8）飞行经历记录本（如要求）。

9）实践考试合格证明。

从《民用无人机驾驶员管理规定》对申请民用无人机驾驶员执照所需提交的材料要求可以看出，成为合格的民用无人机驾驶员，同样需要身份证明、学历证明（按需提交）、相关无犯罪记录文件、原执照（如已持有其他等级执照等情况需提交）等基本资格条件。同样需要通过相应科目的考核，这些科目包括：

① 理论考试类科目，获得理论考试合格的有效成绩单。

② 飞行训练类科目，获得相应的飞行经历，形成飞行经历记录本（如要求）。

③ 飞行实践类科目，获得实践考试合格证明。

无人机也有考试科目设置，以多旋翼类别飞行考试科目为例，共有a、b、c、d四项：科目a悬停；科目b慢速水平360°；科目c水平8字（左右两圆直径6m）；科目d定点降落。

综上所述，排除个人资格审核要求这一客观条件，无人机驾驶技能训练目标可确定为理论知识的获得、飞行能力的获得、应用技能的获得三个大项。

（1）理论知识的获得

这里理论知识应当包括民用无人机系统基础知识、航空动力学基础知识、航空器飞行性能知识、气象基础知识、民用无人机飞行管理法律法规知识、行业应用知识、突发情况应急处理知识等。理论知识可以通过直接学习和在实践中学习两种方式获得。

（2）飞行能力的获得

这里的飞行能力指的是无人机驾驶员驾驶无人机的能力。无人机的姿态和伺服设备可以通过遥控器进行手动驾驶，也可以通过地面站等实现自动驾驶，驾驶无人机是无人机应用的基础技能。通过相应的考试科目，可以被认定为掌握了相应的飞行能力。通过地面站操控无人机是无人机实现自主飞行的主要途径之一，由于地面站使用与无人机应用结合紧密，本书将其归入应用技能获得部分做详细论述。

（3）应用技能的获得

将无人机投入应用，才能发挥其技术价值，推动人类社会的进步，理论知识的获得和飞行能力的获得也是为应用做准备。无人机的应用行业众多，要求的技能也十分多样，努力寻求较为通用的应用技能训练方法，才能为应用技能的获得打开大门。

明确训练目标为制定训练方法服务，理论知识获得的训练方法主要是系统学习和做中学相结合；飞行能力获得的训练方法是模拟训练和实飞训练相结合，同时获得相应的飞行经历；应用技能主要通过航线规划和飞行实践任务来训练。下面就各项目标的详细要求做介绍。

2.2　理论知识要求

　　在工作和生活中，无人机驾驶员不仅仅是驾驶无人机的操作手，也可能是无人机类企业的经营者、无人机项目的负责人、无人机应用任务的执行者、无人机系统的操作和维护人员、无人机应用行业的行业专家、无人机技术的研发人员、无人机安全飞行的责任人、无人机知识的传播者和人才培养者等。因此，无人机驾驶员要会"飞"无人机，必要的理论知识是不可或缺的。

　　在众多的角色中，无人机驾驶员首先要完成好无人机系统的操作和维护人员、无人机应用任务的执行者、无人机安全飞行的责任人、无人机知识的传播者和人才培养者、无人机应用行业的行业专家这几个基本角色。其对应的理论知识包括民用无人机系统基础知识、飞行器飞行原理基础知识、航空动力学基础知识、航空器飞行性能知识、气象基础知识、民用无人机飞行管理的法律法规知识、突发情况应急处理知识等。

　　无人机和无人机驾驶员管理中均有详细的理论知识要求规定，如《民用无人机驾驶员管理规定》附件1《颁发无人机驾驶员执照与等级的条件》中对超视距等级民用无人机驾驶员的理论知识要求如下：

　　（a）民用无人机系统驾驶员管理和民用无人机运行有关的中国民用航空规章；

　　（b）气象学，包括识别临界天气状况，获得气象资料的程序以及航空天气报告和预报的使用；

　　（c）航空器空气动力学基础和飞行原理；

　　（d）无人机主要系统，导航、飞控、动力、链路、电气等知识；

　　（e）无人机系统操作程序及通用应急操作程序；

　　（f）所使用的无人机系统特性，包括：

　　　　（1）起飞和着陆要求；

　　　　（2）性能：

　　　　　　（i）飞行速度；

　　　　　　（ii）典型和最大爬升率；

　　　　　　（iii）典型和最大下降率；

　　　　　　（iv）典型和最大转弯率；

　　　　　　（v）其他有关性能数据（例如风、结冰、降水限制）；

　　　　　　（vi）航空器最大续航能力。

　　　　（3）控制站界面、功能等知识以及控制站之间的交接程序（如适用）。

　　（g）植保无人机运行相关知识（Ⅴ级别适用），包括：

　　　　（1）开始作业飞行前应当完成的工作步骤，包括作业区的勘察；

(2) 安全处理有毒药品的知识及要领和正确处理使用过的有毒药品容器的办法；

(3) 农药与化学药品对植物、动物和人员的影响和作用，重点在计划运行中常用的药物以及使用有毒药品时应当采用的预防措施；

(4) 人体在中毒后的主要症状，应当采取的紧急措施和医疗机构的位置；

(5) 所用无人机的飞行性能和操作限制；

(6) 安全飞行和作业程序；

(7) 喷洒限制；

(8) 喷洒记录保存；

(9) 植保作业负责人的任务与职责。

从《民用无人机驾驶员管理规定》中对理论知识的要求也可以看出，无人机驾驶所需知识并不限于无人机相关知识，还与行业应用密切相关。

2.3 飞行能力训练目标

手动操纵无人机和通过地面站操纵无人机是目前无人机驾驶的两种常见方式，合格的飞行能力需要掌握这两种操纵能力。

手动操纵无人机的飞行能力主要通过飞行模拟器训练和实机飞行训练来掌握，掌握手动操纵无人机的技能有一定的标准，目前主要参照《民用无人机驾驶管理规定》和《无人机驾驶职业技能等级标准》实施，这里根据两个标准要求综合考虑。对于多旋翼类别无人机驾驶员来说，需要驾驶满足重量和飞控介入要求的多旋翼无人机完成起飞悬停、慢速360°、水平8字和定点降落四个动作：

1）起飞悬停：解锁无人机，平稳起飞，以一定高度在指定位置悬停。

2）慢速360°：如图2-1所示，驾驶员驾驶多旋翼无人机在一定高度上定点完成一周自旋，逆时针或顺时针自旋均可，自旋时间不得低于4s，飞行姿态平稳，偏离不超过一个机身位。视距内驾驶员可以使用GPS辅助定位（GPS模式）完成，超视距驾驶员和教员可以使用增稳模式（姿态模式）完成。无人机驾驶职业技能等级要求（初级）可以使用GPS辅助定位（GPS模式）完成，且可选择不执行完整一周，只需执行90°、180°、270°和360°四个方位即可，即"四面悬停"。

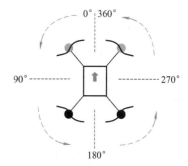

图2-1 慢速360°示意图

3）水平8字：如图2-2所示，慢速360°合格后即可开始水平8字训练，驾驶员驾驶多旋翼无人机在一定高度上定点完成"8"字形航线飞行，可以从任意半圈开始，机头或机尾方向需始终与航向一致，航线不能中断，飞行姿态平稳，偏离不超过一个机身位。视距内驾驶员和无人机驾驶职业技能等级（中级）考证人员可以使用GPS辅助定位（GPS模式）完成，超视距驾驶员、教员和无人机驾驶职业技能等级（高级）考证人员可以使用增稳模式（姿态模式）完成，教员必须使用机尾飞行（即倒飞）完成航线。无人机驾驶职业技能等级要求（初级）可以使用GPS辅助定位（GPS模式）完成，且可选择执行水平 8 字中的一个圈，即圆形航线。

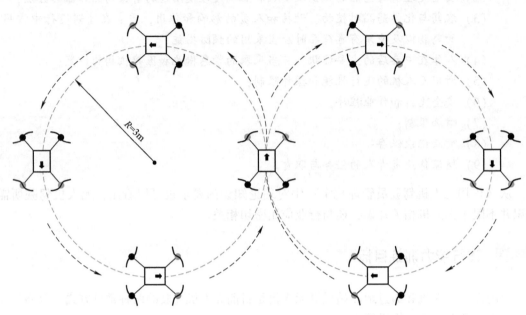

图 2-2　水平 8 字示意图

4）定点降落：完成水平 8 字飞行后，在指定位置平稳垂直降落，待螺旋桨完全停止旋转后结束飞行。

地面站操纵无人机飞行的能力主要通过航线规划来训练，考虑到航线规划与无人机的应用有紧密的联系，这里将航线规划技能划归到合格的应用技能部分进行讨论。

需要说明的是，随着无人机智能化程度越来越高，一些人认为手动操纵无人机的方式将会被淘汰，无人机系统完全可以自主化工作，这种认识在目前及可预见的将来实现起来都有很大难度。无人机系统智能化程度的提高，对无人机的应用有极大的促进作用，大大简化了无人机的操作，提升了无人机执行任务的能力，在部分任务中自主飞行能力的使用甚至直接影响任务效果。但目前及可预见的将来，无人机系统的智能化程度还难以满足大部分应用场景的需要或应用起来成本过高，如航拍创作很难被自动飞行代替，同时手动操纵能力也是无人机系统出现问题时，应急处置的需要。因此手动操纵无人机在相当长的一段时间内都会存在，世界最先进的军用无人机也配备有手动操纵平台，掌握完整的手动飞行能力仍是无人机应用的前提。

2.4　应用技能要求

合格的应用技能是指无人机系统驾驶员使用无人机从事行业应用的综合技能。在掌握了理论知识和飞行能力后，通过应用技能才能将无人机服务于生活和生产中。显而易见，无人机应用技能是个复杂的综合体，与其所应用的领域有密切的关系，这里以植保无人机应用和航拍无人机应用为例加以说明。

植保无人机应用能力要求：满载药液的植保无人机重达几十千克，在山间林地的飞行机会较多，驾驶技能要求较高；植保无人机重量大、体积大，应用过程需要考虑团队协作和转运安排；植保无人机在田间地头工作，装卸药液频繁，有较大的维护保养压力；植保无人机飞行高度较低，坠落事故风险较小，但受低空障碍物（树木、电线杆等）威胁较大；植保无人机从业人员需要有一定的药剂知识、农作物知识、病虫害知识，以保证作业效果；自动飞行大大降低了植保无人机的工作难度，提升了工作效率，无人机驾驶员需要掌握航线规划能力；植保无人机作业单价低、工作量大，需要严格的成本控制来保证收益；其他未列出的能力要求。

航拍无人机应用能力要求：航拍的本质是摄影，所以航拍无人机从业人员首先应该是摄影师，需要掌握摄影技能；航拍飞行线路有较大的不确定性，需要依拍摄剧本设计，要求有高超的手动飞行技能，一般不能由智能飞行代替；航拍飞行的空间有较大的不确定性，从低空到高空均有涉及，甚至有大量的室内拍摄需求；航拍飞行的时间有较大不确定性，有利的拍摄条件产生或新闻发生即要出动；航拍应用往往需要与前期设计和后期制作相结合，航拍无人机驾驶员往往既是导演又是后期修图师、剪辑师；其他未列出的能力要求。

由植保无人机应用和航拍无人机应用能力对比可见，无人机应用技能的要求存在着多样性和复杂性，很难设计一种训练模式能够满足所有应用场景的要求，本行业的应用技能需要通过专业的应用知识学习和长久的实践经验才能完全掌握。但这并不妨碍我们探寻一种有一定通用性的应用技能训练方法，去训练基本的应用技能，进入无人机应用实践的门槛。这里我们推荐学习飞行环境调查和航线规划，并进行以光学相机为主的飞行实践训练，为合格的实践能力夯实基础。

✦ 模块2 │ 理论知识

导学：理论知识是无人机驾驶和无人机应用能力的重要组成部分。无人机系统的使用需要一定的维护保养知识，无人机飞行任务的执行需要一定的气象和空气动力学知识，无人机的安全飞行需要一定的飞行管理知识，无人机行业应用需要一定的行业应用相关知识。本模块主要介绍无人机系统组成、无人机飞行原理、气象对无人机飞行的影响和无人机飞行管理知识，无人机行业应用知识可以参阅其他相关书籍和资料。

单元3 无人机系统组成

无人机系统通常包括飞行器（飞行平台、动力装置、导航飞控、电气系统、任务设备）、控制站（显示系统、操纵系统）和通信链路（机载、地面）三个主要部分，分别负责飞行、控制和通信三个职能，如图3-1所示。

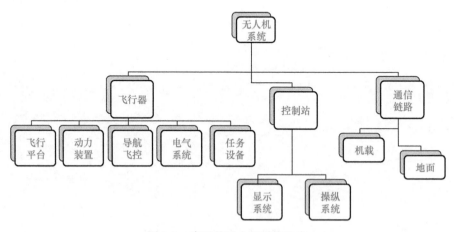

图3-1　常见的无人机系统组成

3.1　飞行器

飞行器（Flight Vehicle）系统，是由人类制造、能飞离地面、在大气层内或大气层外空间飞行的机械飞行物。在大气层内飞行的称为航空器，在太空飞行的称为航天器。无人机绝大部分在大气层内活动，属于无人驾驶航空器。

航空器依据获得升力的方式不同分为两大类：一类是轻于空气的航空器，依靠空气的浮力漂浮于空中，如气球、飞艇等；另一类是重于空气的航空器，包括非动力驱动和动力驱动两种类型。无人机系统飞行器平台主要使用的是重于空气的、使用动力驱动的航空器，少部分采用轻于空气或无动力设计。

飞行器是无人机系统中的空中部分，通常包括飞行平台、动力装置、导航飞控、电气系统、任务设备。有的飞行数据终端也会被安装在无人机上，称为通信数据链路的机载部分。有的任务设备或有效载荷，比如拍摄无人机的云台和照相机，能够在不同的飞行器之间通用，可以被认为是飞行器的一部分，也可以被当作独立设备看待，不划入飞行器的一部分。大体来说，飞行器就是执行空中飞行任务的部分，但并不绝对。

1. 飞行平台

飞行平台是无人机系统中最容易被识别的部分，常见的飞行平台我们在模块1表1-1中已有呈现。在这些飞行平台中，比较常规、军民采用较多的分别是固定翼飞行平台、直升机飞行平台和多旋翼飞行平台。

（1）固定翼飞行平台

固定翼飞行平台是由动力装置产生前进的推力或拉力，由机体固定的机翼产生主要升力，在大气层内飞行的重于空气的无人航空器，有人机中固定翼飞机十分常见，图3-2所示为固定翼的中国轰-6K轰炸机。固定翼无人机飞行平台可以被做得很大也可以被做得很小，其主要优势是航时长、载重大，缺点是难以悬停，发射和回收较为复杂或需要专用跑道。固定翼飞行平台常用于执行长航时、远距离任务，军用侦察无人机、民用测绘无人机常使用固定翼飞行平台。

图3-2　固定翼机型示例：中国轰-6K轰炸机

（2）直升机飞行平台

直升机飞行平台是一种重于空气的无人航空器，其在空中飞行的升力来源于由一个或多个旋翼与空气进行相对运动的反作用力，其主要升力来源于旋翼，而非固定的机翼。

由1~2个旋翼提供升力的无人机通常被称为无人直升机，有人机里有单旋翼直升机（见图3-3）、共轴双旋翼直升机、倾旋翼直升机和纵列双旋翼直升机，无人机里单旋翼直升机较为常见。直升机的优点是垂直起降、能够悬停，航时和载重量都较为适中，在军事、航拍、农林植保等领域都有使用。缺点是结构较为复杂，生产和维护成本高，旋翼尺寸和运转功率较大可能引发较大的安全风险，即使小型单旋翼机的桨叶也可以轻易把鸟类劈成两半。

图3-3　直升机机型示例：单旋翼直升机中国武直-10"霹雳火"武装直升机

（3）多旋翼飞行平台

由三个或以上旋翼提供升力的无人航空器通常被称为多旋翼无人机，它也靠旋翼提供升力且能够垂直起降（前文已述）。从飞行原理上看，多旋翼属于直升机大类，但多旋翼无人机在民用领域的应用十分普遍，其结构和控制原理都与传统的直升机有较大的差异。多旋翼无人机虽然有航时短、挂载小的缺点，但其结构简单、操纵相对容易且使用领域灵活多样的优点深受民用领域的喜爱，是目前无人机应用的热门机型。

2. 动力装置

动力装置是航空器的发动机以及保证发动机正常工作所必需的系统和附件的总称。

无人机使用的动力装置主要有活塞式发动机、涡喷发动机、涡扇发动机、涡桨发动机、涡轴发动机、冲压发动机、火箭发动机和电动机等，图3-4展示了四种以燃油为主要动力的航空发动机。无人机动力装置的选择和无人机的用途有较大关系，例如，无人机靶机常选择冲压发动机和火箭发动机，大中型无人机常选择涡扇发动机、涡桨发动机和涡轴发动机，中小型无人机常选择活塞式发动机和电动机，小微型无人机常选择电动机。

3. 导航飞控

导航飞控系统能够实时采集各传感器测量的飞行状态数据、接收无线电测控终端传输的由地面测控站上行信道送来的控制命令及数据，经计算处理，输出控制指令给执行机构，实现对无人机中各种飞行模态的控制和对任务设备的管理与控制；同时能够将无人机的状态数据及发动机、机载电源系统、任务设备的工作状态参数实时传送给机载无线电数据终端，经无线电下行信道发送回地面测控站。

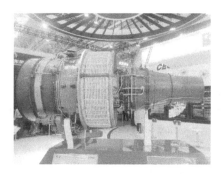

a) 涡轮风扇发动机

b) 活塞式发动机

c) 涡喷发动机

d) 涡轴发动机

图 3-4　以燃油为主要动力的航空发动机

按照功能划分，导航飞控系统的硬件包括主控制模块、信号调理及接口模块、数据采集模块以及舵机驱动模块等。

4. 电气系统

电气系统一般包括电源、配电系统和用电设备三个部分，电源和配电系统两者的组合统称成为供电系统。供电系统的功能是向无人机各个电系统或设备提供满足预定设计要求的电能。

根据电气系统的位置，无人机电气系统又可以分为机载电气系统和地面供电系统两部分。机载电气系统主要由主电源、应急电源、电气设备的控制与保护装置及辅助设备组成。

5. 任务设备

任务设备，也称为任务载荷。无人机飞行平台的作用就是携带任务设备，实现相应的功能，因此无人机任务设备直接决定了无人机系统的功能：搭载光学相机作为任务设备成为航拍无人机，搭载药箱和喷洒装置成为植保无人机，搭载货仓成为运输无人机等。不同种类的飞行平台可搭载的任务设备并无太大的差异，两者主要依据无人机系统需要实现的功能需求进行匹配。任务设备往往和飞行平台协同设计并安装在一起，可认为是飞行平台的一部分；但有些任务设备是单独设计的，待其能实现自身功能后被安装到合适的无人机飞行平台上，可认为不是飞行平台的一部分。

3.2 控制站

控制站是飞行操控中心，用来实现人机交互，一般是无人机任务预计划中心，实行任务规划与飞行控制功能。有时也有这种情况，任务规划在指挥中心完成，然后将数据传输给控制站进行执行，这种应用方式通常比较少见。控制站（见图3-5）通常在地面，也可以是舰载或机载。

图 3-5 军用无人机的大型地面控制站

通过控制站，控制人员利用上行通信链路给无人机发送指令，控制无人机飞行、操控所携带的各个任务载荷。同样，通过下行通信链路，无人机回传信息和图像到操控人员面前。信息包括载荷数据、机上各个分系统的状态信息（监测数据）、位置信息等，无人机的发射与回收可通过主控制站或基于卫星的控制站（辅助的）完成。

控制站经常集成有与外界联系的通信系统，主要用来完成获取天气信息、各个系统间的网络信息传输，接收上级下达的任务，给上级或其他部门回报信息等。

3.3 通信链路

通信系统主要的、也是最重要的需求是提供控制站与无人机之间的数据链路（上行和下行）。传输媒介通常是无线电波，但也可以是激光束或光纤传输的光波。数据链路的主要功能如下：

1）上行（从控制站到无人机）：发送飞行路径数据，然后储存到无人机自动飞行控制系统中，当无人机在飞行控制环路中时，实时发送飞行控制命令到自动飞行控制系统，发送控制命令到机载任务载荷和附属设备，发送相关的位置更新信息到飞机惯导/自动飞行控制系统。

2）下行（从无人机到控制站）：发送有关无人机的位置信息到控制站，发送任务载荷图像和数据到控制站，发送飞机状态信息，如油量、发动机温度等到控制站。

既能进行上行通信也能进行下行通信的数据链称为双向数据链。无线通信系统的功耗、处理复杂性、天线设计及其复杂性、重量、成本等将由以下因素决定：无人机测控作用距离，下传任务载荷和飞行状态数据的综合需求，传输安全要求等。

3.4 多旋翼无人机的基本结构

1. 多旋翼基本情况介绍

多旋翼无人机虽然有航时短、载重小的缺点，但其长处也特别明显：一是通常的电动多旋翼无人机结构简单，飞行平台基本无连杆、齿轮、皮带等传动、链接结构，使得其成本低、维护方便，失事损毁后也很容易修复；二是多旋翼无人机很容易操控，无基础人员稍加练习即可掌握控制要领，交互设计优秀的商品无人机甚至可以做到短时间就能飞，快速地上手，有利于飞行能力的训练；三是轻巧灵活、任务适应能力强，既能用于专业领域，也能满足一般工作的需要，还可以用于个人或家庭娱乐。因此，多旋翼无人机在技术取得突破后呈现爆发式发展趋势，迅速进入各个应用领域。

多旋翼无人机按机臂轴数可分为三轴、四轴、六轴、八轴甚至十八轴等；按螺旋桨数量可分为三旋翼、四旋翼、六旋翼、八旋翼甚至十八旋翼等。在一般情况下，轴和旋翼是相同的；但也有不同的情况，如四轴八旋翼（见图3-6），是将四轴上每个轴上下各安装一个电动机构成八旋翼。较为常见的多旋翼一般按轴数分类，又以四轴、六轴、八轴多旋翼无人机最为常见。

图3-6 四轴八旋翼

2. 多旋翼无人机系统的结构组成

多旋翼无人机普遍使用电动机作为动力，也有采用燃油动力或油电混动的，这里主要介绍最常见的电动多旋翼无人机。飞行器想要飞行就要获得升力，多旋翼无人机的升力来源于螺旋桨，螺旋桨由电动机带动，电动机的转速由电子调速器控制。电子调速器的命令由飞行控制器发出，飞行控制器接收来自遥控设备的命令，飞行过程中要获得高度、速度和位置信息，这些由GPS模块提供，这些信息交换形成上下行数据链。如果要执行某种任务还要搭载任务设备。所有的系统都需要在一个机身上集成，并由电源提供能量。所以一个典型的多旋翼无人机系统的结构组成如图3-7所示。

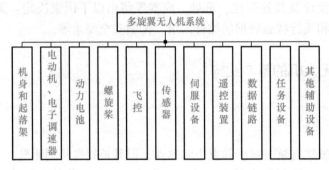

图3-7 典型多旋翼无人机系统的结构组成

（1）机身和起落架

机身也称为机架，是大多数设备的安装载体，也是多旋翼无人机的主体。根据机臂个数不同，机架可分为三轴、四轴、六轴、八轴、十六轴、十八轴等。其中，四轴、六轴、八轴机架较为常见，常见轴距（对角两轴的电动机安装位中心点距离）有 250mm、450mm、600mm、1000mm 等。出于结构强度和重量考虑，机架一般采用塑料、碳纤维材质或复合材料，部分连接件和紧固件可能选用铝合金或钢铁材质。图3-8 所示为一种以塑料为主要材质的 450mm 轴距四轴机架。

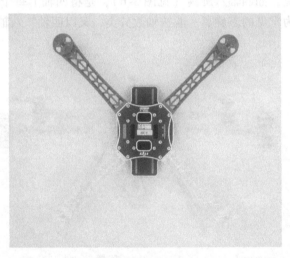

图3-8 以塑料为主要材料的 450mm 轴距四轴机架

起落架是多旋翼无人机和地面接触的部位，作为整个机身在起飞和降落时候的缓冲，也是为了保护机载设备。起落架要求强度高、结构牢固，和机身保持相当可靠的连接，能够承受一定的冲击力。微轻型无人机的起落架大多与机身集成在一起，不能收放。轻小型或以上级别的无人机的起落架往往可以收起，图3-9 所示为收起起落架的大疆 M600 六旋翼无人机，能够避免对无人机的作业产生影响。

（2）电动机

对于电动无人机来说，提供动力的发动机为电动机，俗称马达，是多旋翼无人机的主要

图 3-9　收起起落架的大疆 M600 六旋翼无人机

动力机构，主要提供升力和调整飞行姿态。轻微型无人机使用的动力电动机可以分为两类：有刷电动机和无刷电动机，多旋翼无人机一般使用功率强大的无刷电动机。无刷电动机去除了电刷，最直接的变化就是没有了有刷电动机运转时产生的电火花，这样就极大减少了电火花对遥控无线电设备的干扰。没有了电刷，运转时摩擦力也大大减小，运行顺畅，不仅动力充足且振动和噪声也会减小，这对无人机运行稳定性有巨大的提升。无刷电动机与有刷电动机第二个重要区别是有刷电动机通常使用直流电，而无刷电动机使用三相交流电。图 3-10 所示为三种无刷电动机。

图 3-10　常见的微型多旋翼无人机电动机（无刷电动机）

无刷电动机的机身上常常标有 2216、4108 等四位数字，用以代表电动机的基本型号，四位数字中，前两位是电动机定子绕组的直径，后两位是电动机定子绕组的高度。例如，无刷外转子 2208 电动机是指它定子绕组的直径是 22mm，定子绕组的高度是 8mm。显然，前面两位数字越大，电动机越"肥"；后面两位数字越大，电动机越"高"。

无刷电动机另一个重要的指标是 KV 值，如电动机表面会标注 980KV、480KV。所谓 KV 值，是衡量电动机转速的指标，表示施加 1V 电压时电动机空转每分钟可以达到的转速。例如，使用 1000KV 的电动机，施加 1V 电压时其空转转速可以达到 1000r/min，若使用 11.1V 电池，电动机转速可以达到 1000×11.1r/min＝11100r/min。KV 值是不是越大越有利于飞行呢？答案是否定的。在同等能量下，转速高的电动机往往转矩小，只能带动小尺寸的桨；转速低的电动机往往转矩大，能带动大尺寸的桨。绕线匝数多的电动机通常比较"胖"（见图 3-11a），KV 值相对较低，最高输出电流小，但转矩大，适配大尺寸的桨，适用于起飞全重较大的无人机；绕线匝数少的电动机，KV 值高，最高输出电流大，但转矩小，适配小尺寸的桨，微轻型无人机常使用（见图 3-11b）。

a) 低KV值电动机带大桨   b) 高KV值电动机带小桨

图 3-11   低 KV 值电动机和高 KV 值电动机

  多旋翼无人机也有使用燃油发动机作为动力的，如图 3-12 所示，燃油动力的多旋翼无人机续航时间有较大提高，但机构复杂程度陡增，油动多旋翼无人机的多机协同性能在现有技术下也不及电动多旋翼无人机，因此油动多旋翼无人机属于少数。

图 3-12   使用燃油动力的军用多旋翼无人机

（3）电调

电调全称为电子调速器，英文缩写为 ESC，如图 3-13 所示。多旋翼无人机没有方向舵等飞行控制面，其姿态的改变全靠电动机的转速差来实现，电子调速器就是用来改变电动机转速进而改变多旋翼无人机飞行姿态的。电调能够将接收到的飞控的控制信号转变为电流信号，用于控制电动机的转速。电调的第二个功能是向电动机供电，电动机运转时通过的电流较大，微型多旋翼无人机每个电动机正常工作时平均有 3A 左右的电流通过，这部分电流均由电调向电动机传输。电调的第三个功能是变直流电为交流电，电池供电一般为直流电，而无刷电动机需要交流电才能运转，直流变交流也由电调完成。有的电调在多旋翼无人机中也起到了变压器的作用，将高电压变为可以向飞控、伺服器或其他设备供电的低电压，这种电调也成为带 BEC 的电调。电调最重要的参数是标注在电调表面的最大允许通过电流，如 20A、30A、40A 等，可根据电动机的供电需求配置，如图 3-13 所示。

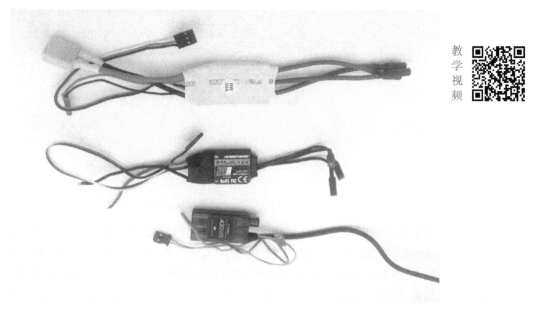

图 3-13　不同电流限值的电调

（4）动力电池

动力电池是电动多旋翼无人机的供电装置，用于给电动机和机载电子设备供电。常见的动力电池种类有铅蓄、镍镉、铁镍、锌镍、氢镍、锂聚合物电池等。目前无人机最常用的动力电池为锂聚合物电池（又称锂电池），主要优点为重量轻、能量密度大、放电能力强，主要缺点为温度适应区间窄、有燃爆风险。表示电池性能的指标有很多，无人机动力系统设计中最关心的是电压、容量和放电能力，这里主要介绍锂聚合物电池的部分性能指标。

电池的电压用伏特（V）来表示。标称电压只是厂家按照国家标准标示的电压，实际在使用时电池的电压是不断变化的。例如，锂聚合物电池的标称电压是 3.7V，充满电后达到 4.2V，放电的过程中电压会从 4.2V 逐渐降低到 3.6V，3.6V 是锂聚合电池的放电保护电压，低于此电压放电会对电池造成较大损害。锂聚合电池标称电压为 3.7V，这远远不能满足无人机的动力需求，将多个单片锂电池进行串联，简单的电学知识告诉我们电池串联就能提高电压，2个串联就形成 $2×3.7V=7.4V$、3个串联就形成 $3.7×3V=11.1V$ 标称电压的电池，以此类推。通常我们把单片锂电池称为 1S 电池，串联 2 片的电池称为 2S 电池，以此类推。常用的锂电池有 1S、2S、3S、4S、6S 之分，对应的标称电压为 3.7V、7.4V、11.1V、14.8V、22.2V，图 3-14 所示为 1S 和 3S 电池对比，可以清楚地看到 3S 电池由 3 片 1S 电池串联而成。在实际使用过程中，电池的电压会产生电压降，这和电池所带动的负载有关，也就是说，电池所带的负载越大，电流越大，电池的电压就越小；在去掉负载后，电池的电压还可恢复到一定值。

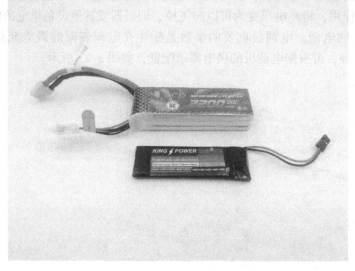

图 3-14　1S 电池（下）和 3S 电池（上），可见其串联层次和标注参数

锂电池的容量常用毫安时（mA·h）表示，其含义是电池以该数值的电流放电能够持续 1h。例如，2200mA·h 表示该电池能以 2200mA 的电流放电 1h。但是电池的放电并非是线性变化的，所以不能说这个电池以 1100mA 放电就能维持 2h，当然，同一个电池在小电流时的放电时间总是大于大电流的放电时间。要获得更大的容量，可以通过两种方式：一种是增加单片电池的容量，如同样是 3S 电池，5300mA·h 的单片电池体积就比 2200mA·h 的单片电池要大很多；另一种方式是将多个电池并联使用，通常将 2 个电池并联称为 2P，3 个并联称为 3P，以此类推。多旋翼无人机的电池并不是配置得越大越多就能增加续航时间，电池太大太多，其重量也会显著增加，导致飞行的大部分能量被电池本身的自重消耗掉。实际上，电池是多旋翼无人机最重的部件之一，载重电池本身就需要消耗大量能源，电池的大小需要根据无人机的功能需求进行配置。

同样为锂聚合物电池，充电宝和无人机动力电池在体积相似时，充电宝的容量往往要比动力电池要大很多，主要原因是动力电池不仅要考虑电池容量，还要考虑充放电的能力，特别是大电流放电的能力，而充电宝通常只需要考虑 2A 以下的放电电流（远低于动力电池）。电池的充放电能力用充放电倍率来表示，称为 C 数，1C 是指电池所标示的毫安数。以 2200mA·h 电池为例，1C 就是 2200mA·h，如其电池表面标注有 "25C 5C" 字样，则表示该电池能够承受的最大放电倍率为 25C，即最大放电电流是 $2200mA×25=55000mA$，大于这个电流放电，电池较容易损坏；最大充电倍率为 5C，即最大充电电流为 2200mA×5＝

11000mA，大于这个电流充电，电池也容易损坏，一般为维护电池性能，会使用1C或2C的电流进行充电。

（5）螺旋桨

螺旋桨是多旋翼无人机直接的升力来源，通常被直接安装在动力设备延伸轴上，也有通过传动装置间接驱动的。轻微型多旋翼无人机常用定距螺旋桨，通过螺纹或紧固件安装在电动机上，定距螺旋桨主要的性能指标有效率、尺寸、螺距、材质和桨叶数量等，图3-15所示为几种不同的定距螺旋桨。

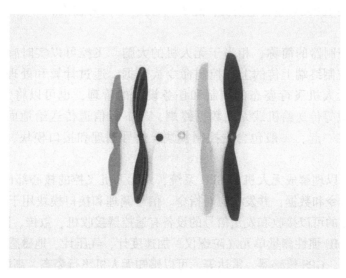

图3-15　几种不同的定距螺旋桨

螺旋桨是一个极其复杂的曲面，不同螺旋桨在几何形状和桨叶角上体现出的差异最大。动力系统带动螺旋桨对空气做功，为飞机提供升力，其运行效率是衡量螺旋桨优秀与否的最重要指标。螺旋桨的效率以螺旋桨的输出功率与输入功率之比表示。

定距螺旋桨的尺寸和螺距常常被一起标示在螺旋桨的表面，用 $X \times Y$ 或 XY 来表示。其中，X 代表螺旋桨直径，即桨尖两端的距离，单位为英寸（in）；Y 代表螺距，即螺旋桨在空气中旋转一周桨平面前进的距离，单位为英寸（in）。例如，1047的螺旋桨指的是长度为10in、螺距为4.7in，1in = 2.54cm。

可制作成桨叶的材料要求强度高、韧性好，同时要考虑重量、易加工性和成本。桨径20in以下的多旋翼无人机螺旋桨目前最常见的材料是工程塑料和碳纤维，其他类型的无人机也有使用木质和合金螺旋桨。塑料桨便宜、耐摔但刚度较差，高速和大载重性能不好，碳纤维桨质硬，但韧性较差，容易折断，生产成本也较高。

常见的多旋翼无人机桨叶数量为两叶或三叶，两叶桨一般为大桨，三叶桨一般为 5 ~ 6in 以下的小桨。桨也有正桨和反桨之分（见图3-16），根据无人机行业习惯，通常定义俯视逆时针旋转提供升力的螺旋桨为正桨，用 CW 表示，俯视顺时针旋转提供升力的螺旋桨为反桨，用 CCW 表示。多旋翼

反桨

正桨

图3-16　正桨与反桨

无人机为了抵消螺旋桨的自旋，正反桨一般成对出现，安装的时候应当注意区分正反桨的安装位置和旋转方向，以免起飞时发生意外。

螺旋桨尺寸越大、转速越高、螺距越大，升力就越大，但其质量和运行阻力也大大增加，需要更大的转矩来驱动，大转矩对电动机和动力电池的性能要求提高，电动机和动力电池性能的提高又导致其重量和体积增大，需要更大升力的螺旋桨来带动。因此螺旋桨的选择应当与无人机的重量和动力设备的性能相匹配。大飞机带小桨就会飞不起来，小电动机带大桨会因转矩不足而损坏电动机。例如，常见轴距 40 ~ 50cm 的四轴多旋翼无人机，重量为 1 ~ 1.5kg，常用 1000kV 左右电动机，配 8 ~ 11in 左右的螺旋桨。

(6) 飞控

飞控是飞行控制器的简称，相当于无人机的大脑。飞控可以实时感知无人机的工作状态数据或接收控制终端上传的上行控制命令或数据，通过计算和处理，输出指令给执行机构，实现对无人机飞行姿态的控制和任务设备的管理，也可以将无人机运行参数、任务设备运行参数等传送给机载无线数据终端，经下行信道传送给地面。飞控由不同功能的子系统集成在一起，一般包含主控制模块、信号调理和接口模块、传感器模块和伺服设备模块。

主控制模块可以理解成无人机的 CPU 系统，是无人机飞控的核心部件，其功能主要是接收和处理各种指令和数据，并发出应对指令。信号调理和接口模块用于管理信号的接收、调理和发送，常见的可以接收和发送信号的设备有遥控器接收机、数传、图传等。传感器模块包括但不限于 IMU 惯性测量单元（陀螺仪、加速度计、气压计、地磁感应器）、超声波传感器、光流传感器、GPS 传感器、雷达等，可以感知无人机飞行姿态、高度、速度、位置和周边环境等信息，用来辅助无人机执行飞行任务，部分传感器直接集成在飞控上，更多的传感器则通过外接与飞控相连。伺服设备模块用于外接和控制各种伺服设备，如云台、舵机、灯光等。

飞控（见图 3-17）是无人机的核心部件，往往是自主品牌无人机的核心竞争力，市场上有很多种类的多旋翼无人机飞控，大致可分为开源飞控和闭源飞控。开源飞控指的是源代码开放的飞控，从业人员可以获取源代码并执行开发改造，较出名的开源飞控有 APM 和 PIX 等。各无人机企业开发和调试的飞控大多是闭源飞控，不对外开放代码，但可以向其申请开放部分接口，满足第三方开发需求。

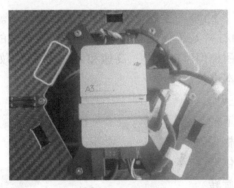

a) 大疆A3飞控

b) APM开源飞控

图 3-17　大疆 A3 飞控和 APM 开源飞控

（7）传感器

传感器是辅助飞控感知无人机飞行信息或周边环境信息的设备。部分传感器集成在飞控上，如 IMU 惯性测量单元（陀螺仪、加速度计、气压计、地磁感应器），可以感知无人机姿态、高度和方向信息，能够辅助无人机完成基础飞行任务。更为复杂或智能化的任务则需要更多的外接传感器来辅助。其中常见的有 GPS 模块，包括地磁感应器和 GPS 定位仪，能够感知方向和位置；超声波传感器，能够近距离感知路径上的障碍物；光流传感器，能够在接收不到 GPS 信号的地方进行视觉定位，保障无人机的定点飞行能力；此外，还有红外传感器、激光雷达等种类的传感器。图 3-18 所示为大疆"晓"的传感器，能够保障无人机完成手势控制、室内定位、人物追踪等动作。

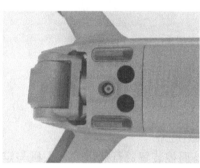

图 3-18　大疆"晓"无人机机头和机腹的传感器

（8）伺服设备

指令传达给无人机只是输送了一个信号，把信号转换成具体动作就需要伺服设备来完成。多旋翼无人机上最常见的伺服设备是各种形态的舵机，如图 3-19 所示，舵机可以直接或间接驱动其他设备完成指令动作，上文介绍的大疆 M600 多旋翼无人机起落架的收放就是由两个舵机来完成的。伺服设备可以用来控制无人机飞行平台设备（如收放起落架），也可以用来控制任务设备的运转。

图 3-19　常见的伺服设备

（9）遥控装置

遥控装置是指能向无人机传输行动指令的设备，常见的遥控装置有地面站和遥控器，如图 3-20 所示。地面站是由一套硬件和安装于硬件内的软件组成的系统，能够向无人机发送行动指令，同时又能接收无人机返回的信息，是无人机实现自主任务执行的主要控制手段，对于一般飞行任务，使用遥控器手动操作无人机即可实现。完整的遥控器设备包括发射机和接收机，接收机装在无人机上，一端与飞控连接，另一端通过通信链路与发射机连接，无人机驾驶员通过遥感或拨钮发出指令。遥控器型号一般按照通道数量划分，如六通道、八通道、十四通道遥控器等。目前来说，手动操纵无人机仍是不可或缺的，智能化程度较高的无人机依然会配置遥控器设备，用于突发情况的应急驾驶。

a) 地面站　　　　　　　　　　　　　b) MZ18九通道遥控器和接收机

图 3-20　遥控装置

（10）数据链路

无人机与遥控装置进行通信、无人机与定位设备进行通信、无人机内部通信都会形成数据链。数据链有上行、下行和双向三种。例如，一般遥控器只能向无人机发送信息，不能接收信息，为上行数据链；一般图传只能传输信息到监视屏，不能接收信息，为下行数据链；数传既可以向下传输无人机飞行状态信息，又可以接收信息，称为双向数据链。

（11）任务设备

无人机飞行平台主要用来实现飞行能力，工作能力基本是通过任务设备获得的。例如，军用无人机就需要搭载侦察和打击设备，遥感无人机搭载可见光、红外、雷达等遥感设备，植保无人机搭载农药喷洒设备，救援无人机搭载急救设备（见图 3-21）等。最常见的无人机任务设备是光学相机，也就是常说的照相机，在航拍领域有广泛的应用，高性能的照相机也能满足部分行业的应用需求。无人机任务设备也可以被当作独立系统看待，不作为无人机系统的一部分。

图 3-21　可搭载救生设备的北大数研"飞马"多旋翼无人机

（12）其他辅助设备

除以上设备外，无人机系统的运行还需要种类多样的支持辅助设备，可根据无人机系统的工作需求进行配置。这里试举几例：用于维修、保养、检测无人机的基础工具，用于运输无人机系统的车辆，用于充电的充电器或燃料加注设备，用于保存动力电池的电池防爆箱，用于保护驾驶员的防晒、防雨、防虫等劳保物资，用于防止螺旋桨割伤的桨保护架，用于调查飞行环境的风速仪、望远镜等设备。图3-22展示了几种无人机系统辅助设备。

a) 电池防爆箱　　　　　　　　　　　　　b) 观察望远镜

c) 气象参数测定仪

图 3-22　无人机系统辅助设备

单元4　无人机飞行原理

4.1　升力的来源

无论是有人驾驶飞行器还是无人驾驶飞行器，飞行器的飞行原理都是相似的。飞行器首先要解决的是如何飞起来的问题，其次是解决飞起来后如何控制的问题，同时，还要考虑起降和飞行过程中的飞行性能问题。这些问题复杂且繁多，形成空气动力学的主要部分。复杂的空气动力学问题是无人机系统设计和制造行业需要研究的问题，驾驶技能训练需要考虑的部分则要简单得多，但这并不意味着不需要学习，基础的飞行原理知识有利于驾驶技能的培养，帮助理解和处理飞行过程中遇到的问题，下面对必要的知识做一些介绍。

1. 固定翼升力的来源

常规布局的固定翼无人机的升力主要来源于作用在机翼上的空气压力差。固定翼无人机受发动机推力作用加速前进，与空气形成相对运动，一部分空气从机翼上表面流过，另一部分从下表面流过。如果将机翼做成上凸下平的形状，流经机翼上表面的气流会因压缩而增加流速，如图4-1所示，流速增加导致作用于机翼上表面的压力降低，与下表面受到的空气压力产生压力差，形成向上的升力，当升力大于或等于飞行器的重力后，飞行器就能飞行了。要理解气流流速增加和压力降低是如何形成的，就需要对能量守恒定律和伯努利方程做一些了解。

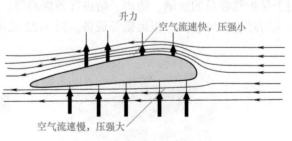

图4-1　机翼升力来源示意图

能量守恒定律为热力学第一定律，它告诉我们孤立系统的总能量保持不变。一个系统总能量的改变只能等于传入或者传出该系统的能量的多少，总能量 = 动能 + 势能 + 静止能量（常见为热能）。飞行器从在地面静止到在高空翱翔，正是由于储存于燃料中的化学能或动力电池中的电能转化成了飞行器的动能和重力势能，当然这种转化不是百分之百的，总有一部分能量以热能的形式耗散掉。飞行中，飞机升高时动能会转化成势能，如果发动机不提供额外能量，飞机就会损失速度；下降时，无人机势能会转化成动能，使得飞机加速，这时候一方面要减小发动机推力，另一方面要加大阻力使势能多转化为热能耗散，以免速度过快导致难以控制而引发事故。

能量守恒定律还不能直观地解释机翼压力差的由来，如何将运动和能量定律联系起来形成应用，丹尼尔·伯努利在1726年做出了开创性工作，提出了"伯努利原理"，即动能 + 重力势能 + 压力势能 = 常数。该原理适用于黏度可以忽略、不可压缩的理想流体，其表述方程为

$$p + 1/2\rho v^2 = 常数$$

式中，p 为静压力；ρ 为流体密度；v 为流体速度。

由伯努利方程可以看出，理想流体密度一定，当流速较快时，其对外界的静压力就小；流速较慢时，其静压力就大。即理想流体通过一根收缩的管道，在收缩处流速变大，其给管壁的压力就会减小，如图4-2所示。伯努利方程基于能量守恒定律推导而来，适用于理想流体，虽然现实生活中完全符合理想流体的条件是难以达到的，但这并不妨碍其在水力学和空气动

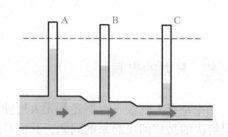

图4-2　伯努利原理图示：流速快的地方压力低

力学中的广泛应用，只是需要我们考虑更多的现实因素。伯努利原理的应用是广泛的，文氏管就是其著名应用，在航空领域中被用来测量空速；消防水管的出水口往往比软水管要细，

可以使出水初速更高，更有利于灭火或冲洗。伯努利原理向我们揭示，不必完全追求像鸟儿飞翔时的扑翼效果，也不用像气球或飞艇那样单纯依靠浮力，一样可以进行飞行。只需要使得机翼下表面的压力大于上表面的压力，形成空气压力差，产生向上的作用合力，就能使飞行器飞行。

伯努利方程揭示了流体的流速不同，其在物体表面产生的静压力也不同，上凸下平的翼形使得机翼上下表面的空气流速产生了差异，能够获得下表面压力大于上表面的效果，于是飞机就获得了向上的合力，能够在空气中飞行。但是我们童年记忆中，纸飞机并不是这种平凸形机翼，纸飞机叠成后并不需要特意地修饰其机翼的截面，同样能够飞行。航模玩家使用的板机机翼是矩形截面，如图4-3所示，也能够顺利飞行。这说明飞机的升力来源需要进一步探索，才能揭示如何能够飞行的全貌。

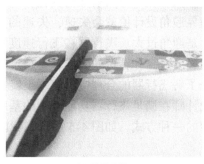

a) 航模飞机　　　　　　　　　　b) 玩具飞机

图4-3　航模飞机和玩具飞机机翼上下对称仍然能够飞行

空气流经机翼表面，会在表面各点产生压力，压力最高的点称为驻点。对于完全对称的机翼（航模板机上下均平直的机翼）来说，驻点在空气与机翼前缘相遇的地方，空气直接"撞"到机翼前缘相对于机翼的速度减小到零，由伯努利方程知道此处形成了最大的压力。空气通过驻点后就被机翼分割，沿上下表面加速流动，通过压力最小点后气流速度又同时逐渐减小，到翼根点速度减为零，所以翼根处也产生一个驻点。由于机翼是水平对称的，整个过程中上下表面的气流速度总是相同的，不会形成压力差，也就不会有升力。如果把对称机翼进行旋转，使其与来流形成一个夹角，好比我们以一定的角度投玩具飞机，驻点就会稍稍向前缘的下表面移动，上下表面的空气流动情况也立刻发生了改变，流经上表面的空气由于驻点下移被迫需要多走一段距离，先开始加速，于是相同位置的上表面气流速度总是大于下表面，伯努利方程告诉我们速度大则压力小，下表面形成了大于上表面的压力，升力就产生了。这就是对称的机翼也能飞行的原因，只需要给机翼一个与气流相对的夹角，这样的夹角我们称为迎角或攻角。对称的机翼要产生迎角就需要将其以一定角度安装在飞机上，非对称的机翼或者说有弯度机翼则相当于自带了这种迎角，即使相对于气流水平安装，仍然可以改变上下表面的气流流动。

可见，相对于空气运动时让机翼产生一定的迎角就能获得升力，那么是不是迎角越大升力就越大呢？一定程度上是的，但迎角有一个非常明确的极限值。迎角或弯度可以改变机翼表面气流的流动，但角度过大的话气流的流线就会被破坏，产生紊流并从机翼上分离（见图4-4）这种分离剧烈地改变了上下表面的压力差，升力将大幅度降低，飞行器即处于失速状态，失速是最危险的飞行状态之一，飞机会坠落或难以控制。使飞机失速的迎角称为临界迎角。显然，临界迎角越大、失速速度越小，飞机就越难失速，飞机此项飞行性能就越好。

根据飞行器的设计，临界迎角一般可以在 $16°\sim20°$，当飞行器完成设计和制造后，临界迎角也就确定了，它是飞行器的一个特定值。飞行器的失速速度在不同飞行条件下可能有所改变，然而临界迎角总是相同的，无论空速、重量、载荷等因素如何变化，飞行器超过临界迎角设计值就会失速，失速的直接原因就是迎角过大。飞行器在飞行速度

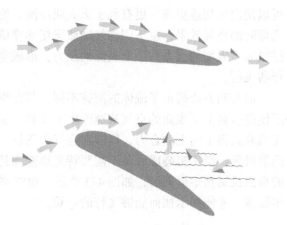

图 4-4　迎角正常时气流沿机翼表面流动（上）和迎角过大时气流剥离机翼表面（下）

过低、飞行速度过高和转弯的时候容易超过临界迎角，这都可能引起失速，这就告诉我们飞行前要充分了解飞行器的合理空速范围、转弯性能、机动性能等指标，避免暴力操作导致失速坠机。设计师在满足飞行器功能需求的基础上总是希望尽可能地增大临界迎角，鸭翼式布局就是其中的一种方式，如图 4-5 所示，我国歼 20 隐身战机即采用鸭翼式布局。

图 4-5　我国歼 20 隐身战机使用鸭翼式布局提高临界迎角

2. 直升机升力的来源

了解了固定翼升力的来源后，直升机升力的来源相对来说就比较好理解了。直升机，也称为直升飞机，是一类由旋翼旋转提供升力的飞行器，常见的直升机形态有单旋翼、共轴双旋翼、倾旋翼、多旋翼、纵列双旋翼等，如图 4-6 所示。

a) "彩虹" 10倾旋翼无人机

b) "太阳鹰" 纵列双旋翼无人机

c) CR500共轴双旋翼无人机

图4-6　常见的直升机形态

　　直升机螺旋桨可以看作是旋转的机翼，其升力的来源机理与固定翼的机翼相似，螺旋桨的横截面与机翼的横截面也有很多相似之处。不同的是，直升机的螺旋桨可以同时产生强大的向下气流，通过反作用力抬升机体。作用力与反作用力属于牛顿第三运动定律，了解该定律对了解直升机飞行原理有重要的意义，如单旋翼直升机往往有一个尾桨（见图4-7），其原因是旋翼旋转时会给机体一个反作用力，使机体向反方向旋转，安装尾桨可以抵消这个反作用力。考虑到牛顿三大运动定律对各种类型飞行器的飞行运动均有重要意义，这里对第一和第二运动定律也一并介绍。

图 4-7　单旋翼直升机通常带有尾桨等平衡螺旋桨反作用力的机构

牛顿第一运动定律：任何物体都要保持匀速直线运动或静止状态，直到外力迫使它改变运动状态为止。牛顿第一运动定律也被称为惯性定律，它指出物体若不受干扰或受力平衡，则会保持其运动状态，飞机要想保持匀速直线的稳定飞行，就要使自身飞行受到的阻力和动力相平衡。相反，如若要改变飞机的飞行姿态，就要施加外力打破平衡。

牛顿第二运动定律：物体加速度的大小跟作用力成正比，跟物体的质量成反比，且与物体质量的倒数成正比。牛顿第二运动定律也被称为加速度定律，用公式描述最为常见和直观：

$$F = ma$$

式中，F 为作用力；m 为运动物体质量；a 为加速度。

由牛顿第一、第二运动定律可以知道，运动的物体具有保持其运动状态的惯性，要改变物体的运动状态就要施加额外的作用力，其作用效果以加速度 a 体现，作用的力越大，加速度就越大，运动被改变得就越快。同时我们也看到，惯性与物体的质量 m 有关，质量越大的物体惯性越大，运动状态越难以被改变。所以小飞机往往行动灵活、大飞机往往飞行稳定，越大越重的无人机需要越大的动力，同时其运动状态的改变也需要更大的作用力或有更多的提前量。

牛顿第三运动定律：相互作用的两个物体之间的作用力和反作用力总是大小相等，方向相反，作用在同一条直线上。牛顿第三运动定律常被简称为作用力与反作用力定律，这个定律告诉我们一个简单的道理：我们用手推墙，墙也会"推"我们，墙没倒，我们自己就被推倒了。无人机正是依靠向空气施加下推力，空气受到的推力反作用于无人机上形成上推力，从而使无人机停留在空气中。那么无人机如何向空气施加向下的推力呢？这就是前文介绍的能量守恒定律、伯努利原理以及后文介绍的其他空气动力学知识要说明的问题。

直升机类别的无人机以单旋翼的无人直升机和大于两个旋翼的多旋翼无人机最为常见，其升力来源的原理相同，但结构差异很大。无人直升机的结构相对复杂，最明显之处体现在桨毂上（见图 4-8），有动环、定环、挥舞铰、摆振铰和变距铰等结构，对旋翼材料要求也很高；多旋翼无人机的结构则相对简单，前文已有介绍，这里不再赘述。

图 4-8　复杂的单旋翼直升机桨毂

　　这里还需要介绍一下旋翼机，旋翼机是一种由推进装置提供推力前进，前进时气流吹动旋翼而产生升力的机型（见图 4-9）。旋翼机的外形与单旋翼直升机十分相似，但飞行原理完全不同，旋翼机也不属于直升机类别。两者最大的区别是旋翼机的螺旋桨并不由发动机驱动，需要在螺旋桨或喷气发动机的推动下滑跑前进，前进时旋翼如同风车一样随气流自然转动，提供主要的升力进行飞行。旋翼机最大的优点是防坠毁能力强。由于旋翼机的旋翼旋转动力由旋翼机前进而获得，即使发动机在空中发生停车，旋翼仍然能够依靠惯性维持飞行状态，并依靠重力和空气阻力逐渐降低高度和减小速度，高度的下降同样能够提供自下而上的相对气流，旋翼就能自转以提供升力，这样旋翼机就能凭借飞行员的操纵安全地滑翔降落。即使在飞行员不能操纵、旋翼机完全失去控制的特殊情况下，也会像降落伞一样飘落，落地冲击力远远小于失去动力的直升机。可见旋翼机的安全性很高，是比较受飞行爱好者欢迎的运动机型，旋翼机主要的缺点是不能够进行垂直起降，速度也不够快，机动性上也不及直升机。

图 4-9　旋翼机的外形与直升机十分相似

4.2 飞行器的性能

1. 飞行器姿态控制

解决了如何飞行的问题，还需要解决如何控制飞行的问题，首先我们要了解飞行器的基本姿态控制知识。地面行驶的汽车在一个平面上运动，一般只需要前进后退和左转右转两组动作就能满足基本的运动需要，可以认为是二维空间的运动。飞行器是在三维空间运动的，除前进后退和左转右转外，还需要上升下降和左倾右倾两组动作，这四组动作构成了飞行器的四个基本姿态，能够使飞行器完成飞行的基础动作，基础动作进行协调组合，就能形成复杂动作。下面对四组动作做一些解释：

（1）上升和下降

很显然，飞行器首先要会上升和下降。对于使用定距螺旋桨的多旋翼无人机来说，上升和下降依靠发动机改变转速来实现，即发动机油门加大带动螺旋桨的转速升高，提供更多的升力，飞行器就能上升，反之则下降。对于使用变矩螺旋桨直升机来说，发动机在一定档位上转速不变，靠改变螺距来调节升力，达到上升和下降的效果。固定翼靠水平舵的上下摆动产生偏转力矩，使机头仰俯来完成上升和下降。

（2）前进和后退

多旋翼和直升机通过桨平面的俯仰产生水平分力，驱动飞行器前进和后退。以 X 构型的四旋翼无人机来说，提升后部螺旋桨的转速或降低前部螺旋桨的转速，都会使得机体发生倾斜，从而获得向前的分力，驱动飞行器向前，反之则获得向后的分力。直升机的螺旋桨数量小于或等于两个，主要通过十字盘来改变桨平面。固定翼飞行器靠发动机向后的推力飞行，当机体水平时，增大油门即可加速向前，常规布局的固定翼飞行器无法后退飞行。

（3）左倾和右倾

多旋翼和直升机的左倾和右倾原理与前进和后退的原理相同，将桨平面的前后倾斜改为左右倾斜即可。固定翼飞行器靠副翼舵面（见图 4-10）产生偏转力矩，形成坡度，坡度使机体获得了一个水平的分力，使固定翼飞行器在做左右倾动作时可能产生侧滑和转弯，部分无尾翼的固定翼机型就是靠副翼完成航向改变的转弯动作的。当左倾和右倾分力足够大且施加得足够迅速时，直升机和固定翼飞行器就会发生滚转，多旋翼飞行器较难达成这种条件，一般不发生滚转，部分用于竞速的穿越机型可以滚转。

（4）左转和右转

多旋翼无人机通过电动机的转速差实现左转和右转，为消除反作用力，多旋翼无人机螺旋桨既有正桨（顺时针旋转）也有反桨（逆时针旋转），不需要转弯时，每对正反桨的作用力和反作用力相互抵消。当需要左转（即机体逆时针旋转）时，提高正桨转速降低反桨转速，就能产生逆时针的反作用力，右转则反之。单旋翼直升机一般装备有尾桨或尾喷口，可以提供转向力矩，共轴双旋翼飞行器可以通过转速差提供转向力矩。常规布局的固定翼无人机靠垂直尾舵左右摆动产生偏转力矩，如图 4-11 所示为我国运 20 固定翼运输机的 T 形垂尾。

图 4-10 固定翼飞行器的副翼舵面

图 4-11 大型运输机的 T 形尾翼的水平舵和垂直舵

显然，上升下降、左倾右倾、前进后退和左转右转这些名词在应用中是不方便和不专业的，行业内常用油门（螺距）、副翼（横滚）、升降舵（俯仰）和航向（偏航、方向舵或尾旋翼）来对应飞行器的常用姿态，并在使用中进一步简化为缩写，油门缩写为 THR（Throttle），副翼缩写为 AIL（Aileron）或描述为绕纵轴的运动横滚 ROLL，升降舵缩写为 ELE（Elevator）或描述为绕横轴的运动俯仰 PITCH，航向缩写为 RUD（Rudder）或描述为绕立轴的运动偏航 YAW。

油门、副翼、升降舵和航向只是飞行器控制姿态改变的基本动作，在多样化的飞行任务中，仅有基本动作是不够的，还需要两个或更多的动作协调组合才能获得更加满意的效果，如多旋翼航拍无人机的升降舵和航向协调配合能够获得优美的弧形航线镜头。当这些基本动作仍不能满足需求时，可以通过更多的设计优化和技术升级来提升飞行器的机动性能。矢量发动机技术是有较高技术含量的能够显著提升飞行器机动性能的方式之一（见图 4-12），目前只有少数几个国家掌握有人机的矢量发动机技术。

图 4-12　我国歼 10B 矢量发动机验证机在珠海航展上表演，机动性能优异

2. 飞行器的基础性能

（1）重量

飞行器重量是飞行器设计中必须要考虑的指标，飞行器的每一克重量都极其宝贵，在满足飞行器性能的情况下尽可能减轻飞行器的重量是一项艰难的挑战。飞行器重量表征有不同的形式，常见的有空机重量和起飞全重，空机重量是指飞行器不装载燃料时的重量（电动飞机的动力电池一般算作空机重量的一部分），起飞全重是指飞行器起飞时的重量，除空机重量外通常还包括燃料重量和载荷。载荷是指飞行器除保障自身飞行的重量外能够负载的其他重量，显然同等条件下的飞行器载荷越大，代表其性能越优异。无人机的载荷通常是任务设备，除此之外，以搭载货物为主的运输无人机也逐渐走上舞台。重量小的飞行器往往机动灵活，但载荷小、稳定性弱，重量大的飞行器则相反。

（2）升限

升限是飞行器所能达到的最高水平飞行高度，当飞行器逐渐爬升时，外界环境会随着高度的升高而改变，特别是高空中空气密度显著低于近地面，所以飞行器都有其设计飞行的高度区间，达到高度上限后，飞行器的性能将不能有效支持其在该区域的活动。

（3）水平速度

水平速度是指飞行器进行机动时水平方向上的速度，通俗地理解就是飞行器能飞多快。低速飞行水平速度可以是几米到几十米每秒，高速的飞行器可以飞到几百或上千米每秒，无人机飞行器由于不用考虑高速度对驾驶员的危害，可以追求超高音速飞行。由于飞行器的速度普遍较快，习惯上用其速度和声速（空气中传播）的比值进行计量，称为马赫数，一倍声速称为 1 马赫。水平速度还与无人机能飞多远密切相关，在能源总量不变的情况下，能使无人机飞行距离最长的速度称为巡航速度，巡航速度也被认为是最经济的速度。

（4）垂直速度

垂直速度是飞行器进行机动时垂直方向上的速度，向上机动称为爬升，向下机动称为下降。优秀的垂直性能对于飞行器来说也是非常重要的，例如，对于航拍无人机来说，能够以较大的垂直速度俯冲可以拍出更加震撼的镜头。

（5）最小转弯半径

飞行器的最小转弯半径指的是在一定速度下飞行器以最大转弯能力转弯在所在平面画出圆弧的半径，转弯半径越小则飞行器转弯就越灵活，最小转弯半径也是衡量飞行器机动性能的重要指标。

（6）续航时间

续航时间又称之为"航时"，它是指飞行器在不进行能源再补充的情况下，耗尽其本身携带的可用能源时，所能持续飞行的时间。飞行器执行不同任务时的续航时间也是不一样的，如战斗机在进行空中格斗时消耗燃料会比巡航时多很多，滞空时间就会缩短。无人机的续航时间由几分钟到几十个小时不等，其中大中型油动无人机续航时间较长，可以达到几个小时到几十个小时，电动无人机受电池技术所限，续航时间一般为 10 ~ 30min。

3. 飞行器的三轴稳定性

在飞行中，理想状态下总是希望飞行器在做各种姿态时都是稳定的，为便于描述飞行器的飞行姿态和飞行稳定性，我们需要引入坐标系，这里我们使用较为简易的 XYZ 三轴坐标系，并以常规布局的固定翼飞飞行器为例。当飞行器静止在水平地面时，站在飞行器的侧面，以重心为原点 O，机头和机尾方向为 X 轴，垂直于地面方向为 Y 轴，水平于地面方向为 Z 轴建立坐标系，如图 4-13 所示。XYZ 轴也被分别称为纵轴、立轴和横轴，分别代表飞行器的纵向、航向和横向。

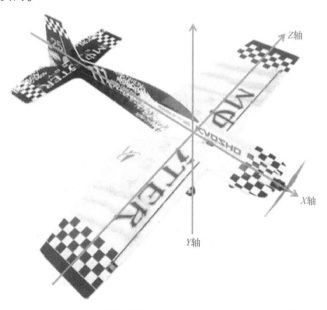

图 4-13　飞行器运动可以被分解为绕穿过重心的三轴运动

（1）飞行器的纵向稳定性

飞行器受到较小的扰动偏离原来纵向平衡状态（即发生俯仰动作），在扰动消失后飞行器能自动恢复原来纵向平衡状态的特性称为纵向稳定性。飞行器的纵向稳定性与飞行器的重心和焦点有关，焦点是这样的一个点：当飞机的迎角发生变化时，飞机的气动力对该点的力矩始终不变，因此它可以理解为飞机气动力增量的作用点。能使飞行器自动恢复纵向原状态的作用力主要来自机翼和尾翼，这里可以把机翼和尾翼产生附加力的作用点称为焦点。当飞行器受扰动上仰时，机翼和水平尾翼的迎角增大，会产生一个向上的附加升力，如果飞机重心位于焦点前，则此向上的升力会对飞机产生一个下俯的稳定力矩，使飞行器趋向于下俯而减小迎角，恢复到纵向平衡状态；反之，当飞行器受到扰动下俯时，机翼和水平尾翼的迎角减小，会产生向下的附加升力，使飞行器迎角恢复。因此，重心位于焦点之前的飞行器就是纵向稳定的，在焦点之后的飞行器则是纵向不稳定的。重心不断前移，飞行器的纵向静稳定性也会增加，但静稳定性并不是越大越好，飞行器静稳定性过高会导致升降舵的操纵力矩难以对飞行器产生影响，表现出来就是做俯仰动作时飞行器很笨重，响应速度很慢。

（2）飞行器的航向稳定性

飞行器受到较小的扰动偏离原来航向平衡状态（即发生偏航动作），在扰动消失后飞机能自动恢复原来航向平衡状态的特性称为航向稳定性。飞行器的航向稳定性主要依靠垂直尾翼来调节。航向稳定力矩是在侧滑中产生的。在飞行器过程中，飞行器受到扰动，机头偏右会出现左侧滑，气流从左前方吹来作用在垂直尾翼上，产生向右的附加力。由于垂直尾翼在重心后方，尾翼右偏，机头会左偏，这就使飞行器修正了机头右偏恢复到平衡状态。机头左偏的情况则相反。随着飞行速度的增大，特别是超过声速后，垂直尾翼的侧力系数会迅速减小，所以要把垂直尾翼做得很大，甚至采用双垂尾和腹鳍，如图4-14所示。同样，飞行器的航向稳定性也不是越大越好，需要与横向稳定性有机配比。

图4-14　中巴JF-17"枭龙"战斗机的垂尾和腹鳍

（3）飞行器的横向稳定性

飞行器受到较小的扰动偏离原来横向平衡状态（即发生滚转动作），在扰动消失后飞行器能自动恢复原来横向平衡状态的特性称为横向稳定性。使飞行器恢复到原横向平衡状态的滚转力矩主要由机翼上反角或下反角、机翼后掠角和垂直尾翼产生。当飞行器左机翼受到扰动发生抬起时，右机翼下沉，飞机向右倾斜，产生沿右下方的侧滑，相对气流即会从飞行器右前方吹来。如果飞行器设计有机翼上反角，此时倾斜右翼的有效迎角和翼面均增大，获得的升力增大，左翼则相反，飞行器就有了右翼抬起恢复到原平衡状态的力矩，下反角也有相似的功能（见图4-15）。后掠角则会改变气流相对速度，使右翼相对气流速度增大，从而使右翼升力大于左翼。垂尾的作用原理较为简单，当飞行器产生滚转时，垂尾相当于一个阻力面，产生相反的作用力。横向稳定性需要和航向稳定性配合，如果横向稳定性过大而航向稳定性过小，则会使修正过量，把右滚转修成左滚转，左滚转又会被修成右滚转，飞行器就会产生飘摆现象，称为荷兰滚；如果航向稳定性过大而横向稳定性过小，则在发生偏航飞行器倾斜时，产生很小或根本不产生抵消滚转的力矩，偏航内侧机翼的空速小于外侧的空速，因此产生下沉，加剧侧滑，而后尾翼尝试使飞行器产生风标运动，机翼再次下沉，加剧侧滑，倾斜到一定角度后，飞行器会进入尾旋旋转，称为尾旋不稳定。

图4-15 中国运20"鲲鹏"运输机机翼有一定的下反角

4.3 **空气动力学基础**

1. 翼型和升力系数

前文介绍了飞行器能够飞行的基本原理，随着飞行器技术的发展，飞起来的问题已经解决，对如何飞得更好的探索却从未停歇。固定翼飞行器主要依靠机翼来提供升力，直升机类别的螺旋桨也能被看作是旋转的机翼，可见机翼对飞行器的升力有比较重要的意义。机翼本身的效率受其翼型的影响很大，不同翼型的横截面如图 4-16 所示，机翼的弯度、厚薄、形状、大小、材料、安装位置、安装角度等都能影响机翼的效率，而且这些指标的选择确定往往处于矛盾的状态，需要根据飞行器的任务需求选择最佳翼型。例如，机翼面积越大，能提供的升力也越大，但也会导致机翼重量增加、结构强度要求变高。除了机翼外，飞行器的其他部分也可以产生升力，对于常规布局的飞行器来说，这些升力十分微小，可以忽略不计，但可以产生一些配平作用力来稳定机身。

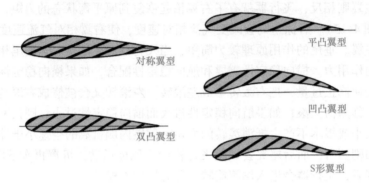

图 4-16　几种翼型的横截面

机翼对飞行器的机动性和速度也有较大的影响，其中比较典型的是机翼后掠角对飞行性能的影响。平直的机翼升力较大，有利于起降和巡航飞行，但其高速性能较差，多用于有长航时需求的侦察机（见图 4-17）；战斗机追求高速度和高机动性，往往选用有较大后掠角的机翼，实际上后掠翼的时代正是由喷气式战斗机 Me262 开启的；现代民航机追求舒适性、经济性和速度的结合，常常选用带有一定后掠角的机翼，来平衡不同性能需求。

图 4-17　中国航天科工的 WJ700 察打一体无人机使用的无后掠角双凸型矩形翼

　　为方便起见，空气动力学家们将复杂的翼型对升力的影响汇总简化成一个系数，用来表示飞行器总的或其任意部件产生的升力情况，即升力系数（C_L）。升力系数越大，表示能产生的升力越大，一个升力系数为 1.3 的飞行器或部件代表其将比升力系数是 1.0 的飞行器或部件产生更大的升力。升力系数 C_L 没有量纲，是为了比较和计算而被抽象的量。

　　然而升力系数仅仅描述了翼型对升力的贡献，机翼面积（又称翼面面积）、飞行速度、空气密度等也是影响升力的因素，均需要纳入考虑之中。18 世纪，在基本力学原理基础上，伯努利给出了这方面的指引，提出了升力公式，可表述为

$$L = \frac{1}{2}\rho v^2 S C_L$$

式中，L 为升力；ρ 为空气密度；v 为飞行器速度；S 为机翼面积；C_L 为升力系数。

　　一个飞行器要能飞行，其升力不能小于其重力，如果飞行器重量增加了，那么就要提高其升力 L。如何提高升力 L，可以通过改变公式右边的各物理量来实现。这些物理量中，空气密度 ρ 是人为难以干预的，一般不作为改变对象。机翼面积 S 可以追求尽可能大，但大翼面会使飞行器重量进一步增加、结构强度要求变高，所以机翼面积不可能无限制地增大，为尽可能增大机翼甚至有把整个机身都做成机翼的形状，称为飞翼布局（见图 4-18）。升力系数 C_L 的增大依赖于空气动力学的不断发展，在一定阶段受研究水平的局限。速度 v 以二次方的形式影响升力，在其他因素难以突破的情况下，提高飞行器的飞行速度能够显著加大升力。但高速度意味着更多的能量消耗，这对发动机的要求也变高，或者在起降过程中需要更长的滑跑距离。可见提升飞行器升力进而提升飞行性能是十分复杂的工作，不是简单的加减法，而是要根据飞行器的任务需求进行最优选择。

图 4-18　采用飞翼布局的"天鹰"无人机

2. 翼载

　　在上文的分析中我们可以看出，机翼面积越大飞行器提供的升力也越大，但机翼面积越大，整个机体重量也势必增加，因此我们希望飞行器机翼面积和其重量是相适应的，既不能太小影响升力，也不要太大增加额外重量。我们用飞行器重量与机翼面积的比来表征这种适应效果，称为翼载（W/S），单位是千克/平方米（kg/m^2）。当然，翼载的大小各有优劣，

大翼载有利于飞行器高速飞行、不容易受气象要素干扰、飞行更加平稳舒适，客机往往有这种性能需求；小翼载则有利于机动、失速速度低，战斗机往往有这种性能需求。

忽略短时间内燃油消耗造成的微小影响，飞行器的重量是一个常数，在其他条件给定的情况下，飞行速度完全取决于翼载。这个关系可以通过升力公式得到。在水平飞行过程中，升力（L）等于重力（W），即 $L = W$，公式两边同时除以机翼面积 S，并结合升力公式可得到

$$W/S = L/S = \frac{1}{2}\rho v^2 C_\mathrm{L}$$

对于滑翔机和下滑或上升中的飞行器来说，升力和重力并不完全相等，在下滑或上升角度 α 较小时（<10°）的情况下，可近似看作 $L = W$，角度再大时就要考虑力的分解了，如在下滑过程中的飞行器，其升力和重力关系是 $L = W\cos\alpha$；上升过程中则变成正弦关系，即 $L = W\sin\alpha$。

3. 阻力和升阻比

物体的运动总与阻力（D）相伴，飞行器也不例外，而且因为飞行器运动速度快，阻力是飞行器设计中考虑的极重要因素。飞行器的所有部件，包括机翼、机身、尾翼、发动机、起落架等每个只要能与空气接触的地方，都会产生阻力。与升力系数 C_L 一样，我们也用一个阻力系数 C_D 来综合表示飞行器受阻力影响的特性。阻力公式和升力公式的形式相同，即（以机翼阻力为例）

$$D = \frac{1}{2}\rho v^2 S C_\mathrm{D}$$

式中，D 为阻力；ρ 为空气密度；v 为飞行器速度；S 为机翼面积；C_D 为阻力系数。

升力和阻力相似的公式说明升力和阻力所考虑的影响因素有一定的相似性，这说明升力和阻力是一对"冤家"，提升升力往往也会使阻力增加。所以升力和阻力需要进行综合考虑，可以用比值的形式体现，称为升阻比 L/D，升阻比是衡量飞行器飞行性能最重要的指标之一。例如，增大机翼面积 S，可以提升升力，这对飞行器是有利的，但由阻力公式可知，阻力也会随之增大，那么使升力和阻力比较，收益最大的 S 就是最优的机翼面积参数。

值得注意的是，飞行器飞行姿态的变化都会带来阻力的巨大变化，完全精确地计算飞行器部件的实际阻力是完全没有必要的。飞行器的阻力不可避免，重要的是知道阻力是如何产生的，并采取措施减小阻力。常见的飞行阻力有四种，针对不同类型的阻力有不同的应对方法。

（1）摩擦阻力

摩擦阻力简称摩阻，是由于空气流经部件表面产生的阻力，其原理与生活中遇见的摩擦力相同。为减小摩阻，飞行器往往把部件与空气接触表面做得非常光滑。

（2）压差阻力

运动物体前后的压强差产生压差阻力。压差阻力同物体的迎风面积、形状和在气流中的位置都有很大的关系。我们在大风中撑伞会比较艰难，就是因为伞的迎风面积很大，产生的压差阻力很大，收起伞后阻力立刻就变小了。飞行器也是一样，可以通过减小迎风面积或使迎风面积变成流线型，这样能有效减小压差阻力，如将飞行器的机身做细或给发动机安装整流罩（见图4-19）。

图 4-19　航空发动机裸露状态和安装整流罩后状态

（3）诱导阻力

诱导阻力是升力产生的副产品，当机翼产生升力时，机翼下表面的压力比上表面的大，而机翼翼展长度又是有限的，所以下翼面的高压气流会绕过两端翼尖，流向上翼面的低压区。当气流绕过翼尖时，在翼尖部分形成旋涡，这种不断产生的旋涡不断地向后流去，即形成了所谓的翼尖涡流，所以诱导阻力也称为涡阻力。减小诱导阻力有不同的方法，增加一个翼尖小翼是比较常见的方式，现代客机的机翼常常都能看到一个翼尖小翼（见图 4-20），部分战斗机也有采用在翼尖挂载空空导弹的设计来减小诱导阻力。

图 4-20　通过增加一个翼尖小翼来减小涡阻力

（4）干扰阻力

实践表明，飞行器的各个部件，如机翼、机身、尾翼等，单独放在气流中所产生的阻力的总和并不等于（往往小于）把它们组成一个整体时所产生的阻力。显然除了以上三种阻力外，各部件组装后还会产生另外的阻力，这就是所谓的干扰阻力，这是由于飞行器各部分之间气流相互干扰而产生的一种额外阻力。从干扰阻力产生的原因来看，它显然和飞行器不同部件之间的相对位置有关，要减小干扰阻力就要合理布置各部件的位置。另外，在不同部件之间加装整流罩或采用流线型过渡等方式也可以减小干扰阻力，飞行器机翼和机身的连接部位就会设计成流线型过渡。

4. 展弦比

展弦比是空气动力学的专有名词，是翼展长度与平均气动弦长的比值。直观地说就是：大展弦比表明机翼长且窄，小展弦比则表明机翼短且宽。无论主翼、水平尾翼，还是垂直尾翼都适用一样的定义。展弦比的设计关系到飞行器的性能，短而宽的机翼（小展弦比）压差阻力较小，适合高速飞行器，战斗机往往选择小展弦比机翼（见图4-21）；而长航时飞行器一般不追求很高的速度和很强的机动性，多采用大展弦比，以减小诱导阻力，获得更经济的巡航性能，民用客机往往选择大展弦比机翼。这种现象在自然界中也十分常见，鹰在空中盘旋时往往伸展翅膀增大展弦比（更省力地飞行），而攻击猎物时需要高速俯冲，就会收起翅膀，减小展弦比。

图4-21　战斗机多使用小展弦比机翼（我国歼轰7"飞豹"战斗机）

5. 地面效应

地面效应是一种使飞行器诱导阻力减小，同时又能获得比空中飞行更高升阻比的流体力学效应。当飞行器离地面或水面较近时，诱导阻力减小，能突然获得较大的升力，利用这种效应很多国家都有开发地效飞行器（见图4-22），其优点是比船速度快、抗浪性好，比飞机载重大、经济性好。

图4-22　苏联大型"里海怪物"地效飞行器

地面效应对飞行有正影响也有负影响。在固定翼无人机起降阶段突然脱离地面效应或突然进入地面效应，都容易进入接近失速状态，发生危险。单旋翼和多旋翼飞行器在起降过程中也会受地面效应的干扰，使翼下气流形态改变，实际飞行中可能引发飞行器的晃动。

4.4　无人机的发射和回收方式

无人机的起降，也就是无人机的发射和回收，方式多种多样，通常根据无人机的类型、大小和使用需求等来设计无人机的发射和回收方式，下面就无人机的发射和回收方式进行一些探讨。值得注意的是，无人机的发射和回收方式并不是一一配对的，而可以按需组合，如滑跑起飞的无人机不一定是滑跑降落，也可能采用其他回收方式。

1. 无人机的发射方式

（1）手抛发射

手抛发射是微型或轻型无人机通常采用的发射方式（见图4-23），由1～2个人进行操作，将无人机像纸飞机一样扔出，或举高无人机助跑投射起飞，利用投射力和无人机自身动力进行起飞。手抛发射的无人机通常最大尺寸小于3m，发射重量多小于7kg。手抛发射方式操作简便、对起飞场地要求较低。

图4-23　较高的上单翼布局比较有利于无人机通过手抛发射

（2）零长发射

零长发射就是通过助推方式让无人机起飞。无人机安装在零长发射装置上，在一台或多台助推火箭的作用下飞离发射装置（见图4-24），起飞成功后抛掉发射装置，由机载主发动机完成之后的飞行任务。零长发射可以理解为用更强的动力代替人力将无人机抛射出去，可以发射大中型无人机，但所需辅助设备较为复杂。

图4-24　美国海军拍摄的 RQ-2 "先锋" 无人机零长发射

（3）弹射

弹射方式是无人机安装在轨道式发射装置上（见图4-25），在压缩空气、橡皮筋或液压等弹射装置作用下起飞，无人机飞离发射装置后，由机载主发动机完成之后的飞行任务。例如，英国的 "不死鸟" 无人机在液压弹射器作用下从车载斜轨上发射；法国 "玛尔特 MK Ⅱ" 型无人机在弹簧弹射装置作用下从斜轨上发射。弹射方式比较适合小型无人机的发射，但同样也需要辅助装置。

图4-25　弹射方式发射无人机

（4）起落架滑跑

起落架滑跑方式发射无人机和有人机的起飞相似（见图4-26），需要跑道或较平整的开阔地面，大、中、小型无人机都适合采用这种方式。不过，其与有人机滑跑有以下的不同：

一是有些无人机采用可弃式起落架，在无人机滑跑起飞后即抛弃起落架，降落采用其他方式；二是大多数无人机（尤其是小型的）采用不能收放的固定式起落架，需要进行长航时飞行的无人机采用收放式起落架；三是无人机的滑跑距离一般较短，对跑道的要求也不像有人机那么苛刻。

图4-26 采用起落架起飞和降落的大型无人机

（5）母机携带发射

无人机由有人机携带到空中，当飞行到需要的高度和速度时，空中投放无人机，之后无人机由机载主发动机完成之后的飞行任务。固定翼母机一般采用翼下挂载或机腹半隐蔽式携带方式，直升机一般由机身两侧挂架携带无人机。美国军方对此种发射方式研究较多。

（6）垂直起飞

单旋翼或多旋翼直升机基本都采用这种垂直起飞的方式，垂直起飞方式不需要依靠其他设备，也不需要修建专门的跑道，只需要一块较为平整的场地，环境适应性较强。有些固定翼飞机也采用垂直起飞的方式，如美国的XBQM-108A无人机，其在机尾安装有支座，可以利用支座在垂直起飞发动机的推动下垂直起飞，我国的俪鸥-018无人机安装有两个旋翼辅助进行垂直起降（见图4-27）。

（7）容器发射

顾名思义，容器发射就是将无人机放置在容器中（见图4-28），通过气体、发射药或弹射等方式将无人机射出容器，完成无人机放飞的发射过程。发射的容器可以是单室，也可以是多室；可以发射单台无人机，也比较容易实现无人机集群的放飞。容器发射兼顾无人机的存储与发射，容器和载具也可以进行模块化的设计与组合，使用方便。容器发射的无人机多为可折叠的微轻型无人机，射出容器后展开其机翼并起动发动机进行工作。

图 4-27　可以垂直起降的固定翼无人机

图 4-28　容器发射的无人机，既可单台发射也可多台组合

2. 无人机的回收方式

（1）伞降回收

伞降回收是无人机较为常用的方式。降落伞由主伞和减速伞（也称阻力伞）两级组成。当无人机完成任务后，地面站发送遥控指令给无人机，使发动机慢车，无人机减速降高。到达合适高度和速度后，开减速伞，使无人机急剧减速、降高，此时发动机已停车；当无人机降到某一飞行高度和速度时，回收控制系统发出信号使主伞打开，先呈收

紧充气状态，过了一定时间，主伞完全充气；无人机悬挂在主伞下慢慢着陆，机下触地开关接通，使主伞与无人机脱离，无人机完成着陆。为尽量减少无人机损伤，有些无人机还在机体触地部位安装有减振装置，或者将机体着地部分设计成较脆弱的部件，当作无人机着地的减振装置。

（2）起落架滑跑回收

这种回收方式与有人机相似，不同之处是无人机对跑道要求不如有人机苛刻；有些无人机的起落架局部被设计成较脆弱的结构，允许着陆时撞地损坏，吸收能量；为缩短着陆滑跑距离，有些无人机（如以色列的"先锋""猛犬""侦察兵"等）在机尾装有尾钩，在着陆滑跑时，尾钩钩住地面拦截绳，大大缩短了着陆滑跑距离。

（3）垂直着陆回收

垂直着陆回收方式只需要较小面积的回收场地，不受回收区地形条件的限制而特别受到军民用户的青睐。

这种回收方式有两种类型，一种是旋翼动力的航空器垂直着陆，这种着陆方式的特点是以旋翼旋转作为获取升力的来源，操纵旋翼的旋转速度，使无人机垂直着陆。另一种是固定翼垂直着陆，这种垂直着陆方式的特点是以发动机推力直接抵消重力，又可分成两类：一类是在无人机上配备着陆时用的专用发动机，着陆时，控制机上的主发动机和专门发动机相互配合完成着陆；二是在回收时呈垂直姿态，在发动机推力的垂直分力作用下，减速并垂直着陆。

（4）拦阻网或"天钩"回收

用拦阻网系统回收无人机是目前中小型固定翼无人机较常采用的回收方式之一。拦阻网系统通常由拦阻网、能量吸收装置和自动引导设备组成。能量吸收装置与拦阻网相连，其作用是吸收无人机撞网的能量，避免无人机触网后在网上弹跳不停引发的损伤。自动引导设备一般是一部置于网后的电视摄像机，或是装在拦阻网架上的红外接收机，由它们及时向地面站报告无人机返航路线的偏差。"天钩"回收和阻拦网回收功能相似，回收时控制无人机飞向绳索，利用无人机机翼尖的挂钩钩住绳索回收。

（5）气垫着陆回收

无人机气垫着陆原理和气垫船相似，在无人机的机腹四周装上"橡胶裙边"，中间有一个带孔的气囊，发动机把空气压入气囊，压缩空气从囊孔边喷出，在机腹下形成高压空气区——气垫，气垫能够支托无人机贴近地面，而不与地面发生猛烈撞击。气垫着陆回收的最大优点是无人机能够在未经平整的地面、泥地、冰雪地或水上着陆，且不受无人机大小、重量限制，回收效率也很高；缺点是无人机飞行时必须带有气垫这个额外重量，影响无人机整体性能。

（6）空中回收

空中回收就是利用有人机在空中回收无人机，这种方式只有极少数国家在用。采用这种方式，有人机首先得装备空中回收系统，在无人机上除了有阻力伞和主伞外，还需要有钩挂伞、吊索和可旋转的脱落机构。此种回收方式不会损伤无人机，但需要出动费用较高的有人机，且需要有人机驾驶员有较高的飞行技术，受天气与风速影响大。不过，随着技术的提高，回收的可靠性也在提高。

单元5　气象对无人机飞行的影响

5.1　大气的组成和结构

1. 大气的组成

大气是包围在地球周围的一层气体，也被称为大气圈或大气层，是地球五大圈（即水圈、土壤圈、岩石圈、生物圈和大气圈）之一，是地球上一切生命赖以生存的气体环境，也是人类的保护伞。

大气由干洁空气、水（在大气中可能呈液、固和蒸汽三种状态）、大气气溶胶粒子（由悬浮的固体粒子和液体粒子组成）三个主要的部分组成。自然状态下的大气是多种气体的混合物，主要由氮、氧、二氧化碳、一些微量惰性气体和自然形成的气溶胶组成。但是随着人类活动的日益增强和工业化的极大发展，人类向大气中排放的有毒有害物质增多，使得大气的组成越来越复杂。

（1）干洁空气

大气中除了水汽、液体和固体杂质外的混合气体称为干洁空气，相对分子质量为28.996。干洁空气的主要成分是氮、氧、氩，三者之和占大气量的99.96%（体积分数），加上二氧化碳则可达到大气总量的99.99%（体积分数），而氖、氦、氪、氙、臭氧等气体的总含量不足0.02%（体积分数），干洁空气的组成见表5-1。在干洁空气中，二氧化碳和臭氧的含量很不稳定，受自然和人为活动影响很大，并且随空间和时间的变化而变化。

表5-1　干洁空气的组成

成　　分	体积分数	成　　分	体积分数
氮（N_2）	0.78083	甲烷（CH_4）	1.7×10^{-6}
氧（O_2）	0.20947	氪（Kr）	1.1×10^{-6}
氩（Ar）	0.00934	氡（Rn）	0.5×10^{-6}
二氧化碳（CO_2）	0.00035	一氧化二氮（N_2O）	0.3×10^{-6}
氦（He）	5.2×10^{-6}	氙（Xe）	0.1×10^{-6}
氖（Ne）	1.82×10^{-6}	臭氧（O_3）	$1 \times 10^{-8} \sim 5 \times 10^{-8}$

大气中的氮、氧含量丰富，对生物有重大意义，大气中氧浓度的降低或增高都会影响许多重要的生命过程并产生无法估计的后果。二氧化碳尽管在大气中只占0.035%（体积分数），但对地球上的生物也同样重要，二氧化碳能吸收太阳辐射中的长波辐射，形成广为人知的温室效应，从而导致一系列的连锁反应，如温度带的偏移、海平面上升等。

（2）水

大气中的水汽主要来自地表水或潮湿体的蒸发，以及植物的蒸腾作用，它是低层大气中的重要成分，其含量只占大气总容积的0%~4%，但却是大气中含量变化最大的气体。一般情况下，空气中水汽含量随高度的增加而减少。据观测，在1.5~2km高度，大气中水汽的平均含量仅为地表的一半；在5km高度，该数值减为地表值的1/10；在10~12km高度，其含量就微乎其微了。大气中的水汽含量在水平方向上也有差异，一般而言，其含量在海洋上空多于陆地，低纬多于高纬，湿润、植物茂密的地域多于干旱、植物稀疏的地域。空气中的水汽可以发生气态、液态和固态三相转化，如常见的云、雨、雪等天气变化，这都是水汽发生相变的现象。

（3）气溶胶粒子

悬浮于空气中的液体和固体粒子称为大气气溶胶粒子，其中包括水滴、冰晶、悬浮的固体灰尘微粒、烟粒、微生物、植物的孢子、花粉以及各种凝结核和带电离子等，一般粒径为$0.1 \sim 100 \mu m$，是低层大气的重要组成部分，也是自然现象和人类活动的产物。其中，大的颗粒很快会降回地表或被降水冲掉，小的微粒通过大气垂直运动可以扩散到对流层顶甚至平流层中，并能在大气中悬浮$1 \sim 3$年甚至更久。一般来说，大气中的固体含量在陆地上空多于海洋，城市多于乡村，冬季多于夏季，白天多于夜间，且越接近地面越多。另外，固体杂质在大气中能充当水汽凝结核，是云雨形成的必要前提条件之一。

2. 大气的垂直结构

在地球吸引力的作用下，大气层在地面处的密度最大，向外逐渐变得稀薄，且由于气象要素（如气温、气压、风等）的不同，在垂直方向上形成不同特征的气层，如图5-1所示。各气象要素中，气温随高度变化最为显著，因此常根据气温在垂直于下垫面方向上的分布，将大气层分成五层，即对流层、平流层、中间层、热层、散逸层。大气垂直分层及主要特征见表5-2。

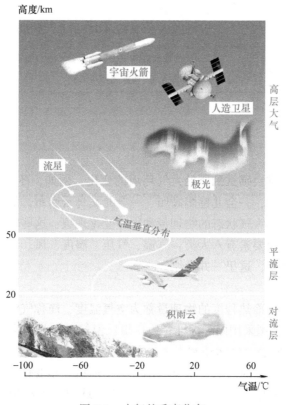

图5-1　大气的垂直分布

表5-2　大气的垂直分层及主要特征

序号	名称	高　度	主　要　特　征
1	对流层	赤道处为 17～18km，中纬度为 10～12km，两极附近为 8～9km	（1）集中大气质量的 3/4 和 90% 以上的水汽和尘埃，云、雾、雨等主要天气现象都发生在此 （2）热量主要由地表辐射补充，因此气温随高度的增加而降低，每升高 100m 平均降温 0.65℃ （3）对流运动和垂直混合明显，常常发生天气变化 （4）温度和湿度水平分布不均匀，经常发生较为强烈的大气水平和垂直运动
2	平流层	自对流层顶到 50～55km 高度	（1）自对流层顶到 35～40km，气温几乎不随高度变化，称为同温层（-55℃左右）；再向上，热量由太阳辐射补充，气温随高度增加而增高，至平流层顶达 -3℃，称为逆温层 （2）几乎没有大气对流运动，大气垂直混合微弱，极少出现降水，最有利于飞行 （3）集中了大气中的大部分臭氧，在 20～25km 高度上形成臭氧层，可起到吸收紫外线的作用
3	中间层	自平流层顶到 85km 高度	气温随高度升高而迅速降低，其顶部气温可达到 -113～-83℃，大气的对流运动强烈，垂直混合作用明显
4	热层	自中间层顶到 800km 高度	（1）在强烈的太阳紫外线和宇宙射线作用下，再度出现气温随高度升高而升高的现象 （2）气体分子被高度电离，存在大量的离子和电子，又被称为电离层
5	散逸层	800km 高度以上	为大气层的最外层，气温很高，空气稀薄，空气粒子的运动速度很大，可摆脱地球引力而散逸到太空中

5.2　气象要素

在生活中，我们经常会感觉到所处大气环境的变化，例如，冬天比较冷、夏天比较热，昨天风很小、今天风很大，一会儿艳阳高照、一会儿又乌云密布。如何表征这些大气环境的变化呢，我们引入了表示大气状态的物理量和物理变化现象，这些物理量和物理变化现象统称气象要素。常用的气象要素有六大类：气温、气压、湿度、风、云、降水。此外，大气密度与无人机飞行关系密切，这里一并介绍。

（1）气温

气象学上把表示空气冷热程度的物理量称为空气温度，简称气温。国际上标准气温度量单位是摄氏度（℃），我国采用国际标准，使用摄氏温标，有些国家使用华氏温标，单位为华氏度（℉）。气温会随着大气运动和太阳辐射的变化而升降，常见的有日变化和年变化。日变化，最高气温是午后 2 时左右，最低气温是日出前后。年变化，北半球陆地上 7 月份最热、1 月最冷，海洋上 8 月份最热、2 月份最冷；南半球与北半球相反。在我国，常温被定义为 25℃。

（2）气压

气压是指作用在单位面积上的大气压力，在数值上等于单位面积上向上延伸到大气上界的垂直空气柱所受到的重力。著名的马德堡半球实验证明了大气压力的存在，气压的影响在生活中也随处可见，我们用吸管喝饮料时饮料能被"吸"上来，其本质是吸力抽出了吸管内的空气，使得吸管外大气压力大于吸管内的压力，饮料即被外部大气压力压入吸管内。压力的单位为帕斯卡（Pa），简称帕，在气象学中帕这个单位太小了，所以常用百帕（hPa）、千帕（kPa）作为单位，如国际标准大气压为 101.325kPa，称为一个标准大气压，相当于 760mm 高的汞柱产生的压强，所以也叫 760mm 汞柱。气压的大小与海拔高度、大气温度和大气密度等有关，一般随高度升高按指数律递减。

（3）湿度

湿度是表示大气干燥程度的物理量。大气中的水汽越少，空气就越干燥，湿度就越小；反之，大气中的水汽越多，空气就湿润，湿度就越大。湿度有三种基本形式，即水汽压、相对湿度和露点温度。水汽压（曾称为绝对湿度）表示空气中水汽部分的压强，以百帕（hPa）为单位；相对湿度用空气中实际水汽压与当时气温下的饱和水汽压之比的百分数表示，如相对湿度为 70% 的情况下人感觉最舒适；露点温度是表示空气中水汽含量和气压不变的条件下冷却达到饱和时的温度，单位用摄氏度（℃）表示。当相对湿度为 100%，即大气中能包含水汽量达到最大时的气温等于露点温度。湿度的研究在很多方面都有重要意义，天气预报中相对湿度高表示更高的降雨和有雾的可能性，炎热的夏季，高湿度会使人感觉更热，持续高湿度会使衣物、图书等更容易发霉；反之，低湿度则可能影响生物（如两栖类、蜗牛等）的生存，持续低湿度，森林更易产生自然火灾等。

（4）风

大气的水平运动称为风。按照牛顿经典力学规律，物体的运动需要力的作用，使大气水平运动的力称为水平气压梯度力。不同区域气压大小的不同是该力产生的原因，大气在气压高的地方受到的压力大，于是就会向低气压区流动，风就产生了。风速是表征风最重要的物理量，既有大小也有方向，目前气象领域描述风速大小普遍使用蒲福风级（见表5-3）。风的方向为风的来向，风速常常分级来表示，如北风 3~4 级，表示风从北吹来，风速为 2~5m/s。值得注意的是，风向并不完全和水平气压梯度力的方向一致，由于地球在自转，近地大气同样也受到自转摩擦力的影响，使在北半球风的运动向左偏，这个力称为地转偏向力，北半球的台风呈现逆时针方向旋转即为该力的作用。

表 5-3 蒲福风级表（简化）

蒲福风级	名称中文英文	高出地面10m的相当风速			风级标准说明		
		m/s	km/h	mile/h	海岸情形	海面情形	陆地情形
0	无风 Calm	0~0.2	<1	<1	风静	海面如镜	静，烟直上
1	软风 Light air	0.3~1.5	1~5	1~3	渔舟正，可操舵	海面有鳞状波纹，波峰无泡沫	炊烟可表示风向，风标不动

（续）

蒲福风级	名称	高出地面10m的相当风速			风级标准说明		
	中文 英文	m/s	km/h	mile/h	海岸情形	海面情形	陆地情形
2	轻风 Light breeze	1.6～3.3	6～11	4～7	渔舟张帆，时速1～2海里	微波明显，波峰光滑未破裂	风拂面，树叶有声，普通风标转动
3	微风 Gentle breeze	3.4～5.4	12～19	8～12	渔舟渐倾侧，时速3～4海里	小波，波峰开始破裂，泡沫如珠，波峰偶泛白沫	树叶及小枝摇动，旌旗招展
4	和风 Moderate breeze	5.5～7.9	20～28	13～18	渔舟满帆时倾于一方，捕鱼好风	小波渐高，波峰白沫渐多	尘沙飞扬，纸片飞舞，小树干摇动
5	清风 Fresh breeze	8.0～10.7	29～38	19～24	渔舟缩帆	中浪渐高，波峰泛白沫，偶起浪花	有叶之小树摇摆，内陆水面有小波
6	强风 Strong breeze	10.8～13.8	39～49	25～31	渔舟张半帆，捕鱼须注意风险	大浪形成，白沫范围增大，渐起浪花	大树枝摇动，电线呼呼有声，举伞困难
7	疾风 Near gale	13.9～17.1	50～61	32～38	渔舟停息港内，海上需船头向风减速	海面涌突，浪花白沫沿风成条吹起	全树摇动，迎风步行有阻力
8	大风 Gale	17.2～20.7	62～74	39～46	渔舟在港内避风	巨浪渐升，波峰破裂，浪花明显成条，沿风吹起	小枝吹折，逆风前进困难
9	烈风 Strong gale	20.8～24.4	75～88	47～54	机帆船行驶困难	猛浪惊涛，海面渐呈汹涌，浪花白沫增浓，降低能见度	烟囱屋瓦等将被吹损
10	暴风 Storm	24.5～28.4	89～102	55～63	机帆船航行极其危险	猛浪翻腾波峰高耸，浪花白沫堆集，海面一片白浪，能见度降低	陆地上不常见，见则拔树倒屋或有其他损毁
11	狂风 Violent storm	28.5～32.6	103～117	64～72	机帆船无法航行	狂涛高可掩蔽中小海轮，海面全为白浪掩盖，能见度大减	陆地上绝少，有则必有重大灾害
12	飓风 Hurricane	32.7～36.9	118～133	73～82	骇浪滔天	空中充满浪花白沫，能见度恶劣	陆上几乎不可见，有则必造成大量人员伤亡

（5）云

云是大气中水汽凝结（凝华）成的水滴、过冷水滴、冰晶或者它们混合组成的漂浮在空中的可见聚合物（见图5-2）。云以可见的形式展现了地球上庞大水循环的存在，太阳照在地球的表面，水蒸发形成水蒸汽，一旦水汽过饱和，水分子就会聚集在空气中的微尘（凝结核）周围，由此产生的水滴或冰晶将阳光散射到各个方向，这就产生了云的外观。云可以形成不同形态（见图5-2），笼统地说可分为积云、层云和卷云。云可以散射和反射电磁波，因此也可以出现不同颜色，如洁白、黑云、晚霞等。云的多少用云量度量，云量表示云对天空的遮蔽程度，无云记为零，完全被云遮蔽记为10，云占全天1/10，总云量记1；云占全天2/10，总云量记2，其余依次类推。

图5-2 不同形态的云

（6）降水

云滴在云中不断吸收水汽或碰撞而不断变大，超过空气浮力能承受的程度后就会降落到地面形成降水，降水的主要形式主要有雨、雪、霰雹和雨凇等。雨和雪是最常见的降水方式。广义上如霜、露、雾和雾凇等形式也是降水，但在计算降水量时一般不计入。降水量是衡量降水多少的物理量，是在未经蒸发、渗透、流失情况下单位时间降水在地面形成的深度，以毫米（mm）为单位，如24h降水量100mm。如果是固态降水，则需要将其融化后计量。在气象上用降水量来区分降水的强度，可分为小雨、中雨、大雨、暴雨、大暴雨、特大暴雨，小雪、中雪、大雪和暴雪等。我国地处海陆交界、地域广大、地形复杂，全国降水差异很大，降水的分布特点大体为南多北少，东多西少，春夏多、秋冬少。

（7）密度

大气的密度在飞行中也是重要的气象因素之一。在标准状况下（气温为0℃，气压为101.325kPa），海平面附近大气密度为1.293kg/m³。大气密度和气温、气压有非常紧密的内在联系，可以通过理想气体方程来表现：

$$PV = nRT$$

式中，P为气体压力；V为气体体积；n为气体物质的量；R为理想气体常数，$R = 8.314\text{J}/(\text{mol} \cdot \text{K})$；$T$为气体热力学温度（K），$T = t$（摄氏温度数值）$+ 273.15$。

由于密度、质量和体积，物质的量和质量有如下关系：

$$m = \rho V$$
$$m = Mn$$

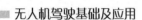

式中，m 为气体质量；ρ 为气体密度；M 为气体分子数。

所以理想气体方程可改写为

$$PM = \rho RT$$

由上述方程我们可以清晰地看出，大气压力、温度、大气的多少（稀薄程度）和大气密度的相互影响关系。在空气较稀薄的地方，大气分子数 M 较小，大气密度往往较低；在海拔相近、空气稀薄程度相似时，大气密度与压力成正比，与气温成反比。

5.3 大气运动

大气圈包裹着整个地球，成分多样，无时无刻不在进行着热量、动量、化学物质等的交换，这种不同高度、不同区域之间的大气交换称为大气运动。大气运动使得不同性质的空气得以互相交流，形成各种天气现象和天气变化，风就是大气运动最普通、最常见也是十分重要的大气运动方式之一。大气在全球范围内的运动常被近似地看作三圈环流。

赤道上受热上升的空气自高空流向高纬度，起初受地转偏向力的作用很小，空气基本上是顺着气压梯度力的方向沿经圈运行。随着纬度的增加，地转偏向力作用逐渐增大，气流就逐渐向纬圈方向偏转，到 30°N 附近时，地转偏向力增大到与气压梯度力相等，这时在北半球的气流几乎成为沿纬圈方向的西风，它阻碍气流向极地流动。故气流在 30°N 上空堆积并下沉，使低层产生一个高压带，称为副热带高压带，赤道则因空气上升形成赤道低压带，这就导致空气从副热带高压带分别流向赤道和高纬度地区。其中，流向赤道的气流，受地转偏向力的影响，在北半球成为东北风，在南半球成为东南风，分别称为东北信风和东南信风。这两支信风到赤道附近辐合，补偿了赤道上空流出的空气，于是热带地区上下层气流构成了第一环流圈，称为信风环流圈或热带环流圈。

极地寒冷，空气密度大，地面气压高，形成极地高压带。在北半球，空气从极地高压区流出并向右偏转成为偏东风，副热带高压带流出的气流北上时亦向右偏转，成为中纬度低层的偏西风。这两支气流在 60°N 附近汇合，暖空气被冷空气抬升，从高空分别流向极地和副热带。在纬度 60°N 附近，由于气流流出，低层形成副极地低压带。流向极地的气流与下层从极地流向低纬度的气流构成极地环流圈。这是第二环流圈。自高空流向副热带处的气流与地面由副热带高压带向高纬度流动的气流构成中纬度环流圈，这是第三环流圈。

只受太阳辐射和地球自转影响所形成的环流圈，称为三圈环流，它是大气环流的理想模式。但近地大气圈紧挨着下地面，下垫面的情况多种多样，大气环流会遇到山川、大海、河湖、沙漠、深林、城市等，还会遇到不同下垫面的交界，三圈环流的模式就会被打破，形成更多样的大气运动方式，如气团与锋面、海陆风、季风、山谷风、地形雨、对流雨、焚风、城市热岛等，下面介绍其中的几项。

（1）气团与锋面

气象要素在水平方向上分布比较均匀的大范围空气团称为气团，气团水平范围可以到几千千米，垂直高度可以是几千米到十几千米。气团按其冷热性质可分为冷气团和暖气团，按湿度差异可分为干气团和湿气团，按发源地不同常分为极地气团、热带气团和赤道气团等。大气在不断的运动中，不同性质的气团会相遇到一起，冷暖气团如果相遇，会形成一条狭窄、倾斜的过渡地带，称为锋面（见图5-3）。冷气团向暖气团移动形成的峰称为冷锋，暖气团向冷气团移动形成的峰称为暖锋；冷暖气团势均力敌，长时间在某个位置拉锯，称为静止锋；一种气团运动速度较快，追上了另一种气团，称为锢囚锋。锋面过境往往会引起该区域天气的变化。暖锋过境，往往温暖湿润、气温上升、气压下降，形成降水；冷锋过境，往往气温降低、风速较大，伴随有暴雨或降雪天气，过境后气压升高，天气往往较晴朗。

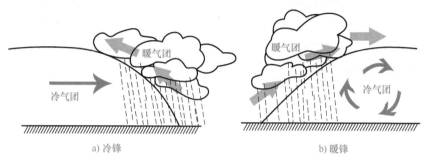

a) 冷锋　　　　　　　　　　　　　　b) 暖锋

图 5-3　大气运动：冷锋与暖锋示意图

（2）海陆风和季风

海陆风是因海洋和陆地受热不均匀而在海岸附近形成的一种有日变化的风系（见图5-4）。在自然界中，水的热容量要大于砂石，这就使得在海陆交界的地方，大海和陆地在白天吸收同样的太阳辐射后，大海增加的温度要小于陆地，即陆地上的大气增温较快，形成热空气抬升和低气压；于是海上较冷的、压力较高的空气就会流过来填补，形成海上吹向陆地的风。到晚上时则相反，海水热容量高放热较慢，陆地热容量低很快冷却，导致海上空气压力低于陆地，形成陆地吹向海洋的风。所以在无其他因素干扰时，白天风从海上吹向陆地，夜晚风从陆地吹向海洋，前者称为海风，后者称为陆风，合称为海陆风，周期为一天。如果变化在空间尺度上和时间尺度上规模变大，如太平洋和亚欧大陆在夏季和冬季受热不均，就会形成季风气候。我国是典型的季风气候国家，夏天常吹东南风（海上吹到陆地），冬天常吹西北风（陆地吹向海洋）。

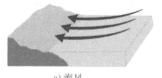

a) 海风　　　　　　　　　　　　　　b) 陆风

图 5-4　大气运动：海陆风

（3）山谷风

由山谷与其附近空气之间的热力差异而引起白天风从山谷吹向山坡，这种风称谷风；到夜晚，风从山坡吹向山谷，称为山风。山风和谷风总称为山谷风。其形成原理和海陆风相似，都是由于下垫面受热不均匀。白天，山坡接收太阳光热较多，山坡附近空气增温较多；与山顶相同高度的山谷上空，因离地较远，空气增温较少。于是，山坡上的暖空气不断膨胀上升，在山顶近地面形成低气压，并在上空从山坡流向谷底上空，谷底上空空气收缩下沉，在谷底近地面形成高气压，谷底的空气则沿山坡向山顶补充，这样便在山坡与山谷之间形成了一个热力环流。下层风由谷底吹向山坡，称为谷风（见图5-5a）。到了夜间，山坡上的空气受山坡辐射冷却影响，空气降温较多；而同高度的谷地上空，空气因离地面较远，降温较少。于是，山顶空气收缩下沉，在近地面形成高气压，冷空气下沉使空气密度加大，顺山坡流入谷地，谷底的空气被迫抬升，并从上面向山顶上空流去，形成与白天相反的热力环流。下层风由山坡吹向谷地，称为山风（见图5-5b）。

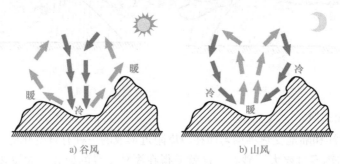

图5-5 大气运动：山谷风

（4）地形雨和对流雨

暖湿气团遇到山脉等高地阻挡时会沿高地形被迫抬升，气团抬升会使其气温降低，气团中的水汽更易冷凝"长大"形成降水，这样的降水被称为地形雨。形成降水的山坡正好是迎风的一面，故称为迎风坡。而背风的一面，因为气流下沉，温度升高，不再形成降水。地形雨是由动力抬升气团形成的降水；而对流雨则不然，是由热力抬升气团形成的降水，其形成机制是近地面层空气受热或高层空气强烈降温，促使低层空气上升，水汽冷却凝结，形成降水。对流雨是较为激烈的大气运动，来临前常有大风，并伴有闪电和雷声，有时还下冰雹，所以也叫作热雷雨。除了地形雨和对流雨外，常见的降水方式还有锋面雨和台风雨。

（5）城市热岛

一个地区的气温高于其他区域，这个区域就被称为热岛，这种现象被称为热岛效应（见图5-6），城市热岛效应和青藏高原热岛效应是常见的热岛效应。城市热岛效应形成的原因主要有两点：一是城市存在大量的人工发热源，如工厂、汽车、空调等；二是城市建设用

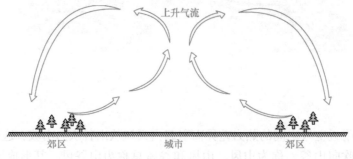

图5-6 大气运动：城市热岛效应

建筑、道路等易增温体代替了原有的农田、绿地等。城市热岛效应使得城市地区温度高于周边的郊区和农村，从而形成局地热力环流，夏天需要消耗更多能源降温，气流向城市辐合且高大建筑降低了风速，也使得污染物难以扩散。

5.4　严重影响飞行的气象

气象对于飞行有十分显著的影响，如风速过高不利于起降飞行器，浓雾和暴雨导致能见度降低等，影响严重的甚至会造成机毁人亡，这里阐述一些对飞行影响较大的大气运动形式。

1. 对流冲击力

使原来静止的大气产生垂直运动的作用力称为对流冲击力，这种力的来源有两个：热力作用和动力作用，分别称为热力对流和动力对流。前文提到的地形雨和对流雨分别就是由动力和热力抬升引起的。白天，在太阳辐射作用下，岩石、沙地、城市地区升温快，附近空气增温快，因而体积膨胀、密度减少，产生上升运动；水面、植被下垫面、农村等区域的情形则相反，会产生下沉运动。气流受到高山等高大地形阻挡，也有可能被迫抬升或下降，产生垂直运动。飞行器飞行高度不够，则有可能受垂直气流运动影响，产生颠簸。如果是近地飞行，上升的对流冲击力会产生漂浮效应，导致飞行员飞过预期的着陆点；下降的对流冲击力则会产生一个下沉效应，导致飞行员达不到预期的着陆点，情况严重时还可能被下沉气流拍向地面，造成飞机失事。

2. 雷暴

由对流旺盛的积雨云引起的、伴有电闪雷鸣的局地风暴，称为雷暴（见图5-7）。雷暴的形成需要三个条件：深厚而明显的不稳定气层，充沛的水汽和足够的冲击力。

图 5-7　雷暴天气来临前水汽充沛的云层

一般雷暴单体水平尺度为 5～10km，高度可达 12km，生命期大约 1h，生命期根据垂直气流状况可分为三个阶段：积云阶段、成熟阶段和消散阶段。

（1）积云阶段

积云内部都是上升气流，并随高度的增加而增强。大量水汽在云中凝结并释放潜热，云中温度高于四周空气。

（2）成熟阶段

云中除了上升气流外，局部出现有系统的下降气流和降水，产生并发展为强烈的湍流、积冰、闪电、阵雨和大风。

（3）消散阶段

下降气流布满云中，温度低于周围空气。

雷暴是一种极具危险性的天气现象，雷暴带来闪电、狂风和暴雨，被笼罩区域往往昏天暗地、雷声隆隆、电光闪闪，显示了大自然的巨大破坏力。全球每年都会因雷暴造成灾祸，如影响交通工具运行，酿成空难、海难和车祸等，毁伤建筑和通信线路，直接造成人员或动植物死伤，还可能引起火灾等次生灾害。雷暴对飞行影响主要体现在电闪雷击和狂风暴雨以及风切变和湍流等，会使能见度下降、飞机颠簸、气动性能变差、发动机工作效率降低或熄火，影响机载电子设备和地面导航设备等。虽然现在飞机和电子设备的性能越来越先进，但仍不能完全消除雷暴带来的影响，飞行中应尽量避免经过雷暴天气区。

3. 积冰

飞行器积冰指的是飞行器表面某些部位聚集冰层的现象。在寒冷季节，地面停放的飞行器会形成积冰。而在飞行过程中，无论是否在寒冷的季节，只要大气条件合适也会形成积冰。飞行中的积冰主要由云中过冷水滴或降水中的过冷雨碰到飞行器机体表面凝结而成，也可以由水汽直接在机体表面凝华而成。

（1）积冰的分类

积冰有不同的分类方法，一般从形式和形状上去划分。

根据积冰的不同形式，可把积冰分成冰、雾凇和霜。冰又可以分为明冰、毛冰（半透明混合体）和白冰（颗粒状冰）三种类型。雾凇是飞行器在温度低于 -10℃ 的云中飞行时附在机身表面的一种白色大颗粒冰晶层，往往粗糙不平且附着不牢固，容易被气流吹走。霜是由于水汽凝结产生的白色小冰晶层，振动时容易从飞机表面脱落。

根据积冰的形状，可把积冰分为槽状冰、楔形冰和混合冰，冰的形状主要取决于冰的种类、飞行速度和气流绕过飞行器的不同部位情况。根据空勤人员获得的喷气式飞机积冰统计数据，槽状冰约占 30%，楔形冰约占 15%，混合冰约占 55%。

积冰也可以按照危害程度分成轻、中、重三个程度。轻度积冰的积聚率较低，短时间飞行（1h 内）或间断使用除冰/防冰设施即可保证飞行安全。中度积冰的积聚率较高，甚至短时间内会构成威胁，因此需要不间断使用除冰/防冰设施或改变航线。严重积冰的积聚率非常高，除冰/防冰设施不能减少或控制危险，必须立即改变航线，并向管理部门报告。

（2）易产生积冰的气象条件

飞行中产生积冰的主要原因是云中有过冷的水滴或水汽，因此影响飞行中积冰的主要气象因素是云，水汽丰富、温度较低的云比较容易形成积冰。下面介绍几种常见的云和其对飞机积冰的影响。

1）积云和积雨云。积云和积雨云由近地层向上抬升的垂直气流形成，云中水汽和水滴都比较大，在温度适合时会产生强烈积冰，中、上部是强烈积冰区。夏季气温相对较高，在云中飞行时一般不会发生积冰，只有在浓积云和积雨云的中、上部才有积冰。在春秋季节，气温较夏季低，在云层下部也有可能发生积冰，如果是在气候较暖的南方，则可能是在中部。冬季气温较低，但冬季形成积云和积雨云的气象条件也少，所以引起积冰的机会并不会增加。

2）层云和层积云。层状云的水汽含量一般都较少，有时在较厚的层云顶附近会多一些。因此，积冰程度为轻度或中度。层云和层积云是我国冬季常见的降水云系，飞行中遇到的机会较大，积冰的机会也较大。

3）高积云。高积云的高度往往较高，云层温度较低，似乎比较利于水汽凝结，但高积云厚度薄、水量少，因而积冰往往是轻度。

4）雨层云和高层云。这两种云多会形成轻度积冰，但雨层云和高层云多在锋线上形成，范围广、厚度大，沿锋面伸展可达1000多千米，垂直锋面伸展可达 200～400km，厚度可以有1.5km以上，因此穿越云层需要的时间较长，有积厚冰的危险。由于这两种云层的含水量和水滴分布是按高度减少的，故积冰强度随高度增加而减弱。夏秋季节的积冰常在云层上部，春冬季节则各个部位都有积冰的可能。

飞机停放在地面，在一定的气象条件下也会出现积冰现象，同样能影响飞行，地面积冰的气象条件主要有以下几方面：

① 冻雨：外界温度低于0℃时，过冷的雨滴与地面物体接触便容易结冰。

② 雪或冰雹：积冰形式的降水，直接降到飞机表面等（见图5-8）。

图5-8 正在进行除雪除冰作业的民航客机

③ 过冷的雾、冷低云：在寒冷的季节，带有过冷水滴的低云或低雾易在物体表面结冰。

④ 霜：温度在冰点以下且相对湿度较高的情况下会形成霜，附着在机体表面。飞机停场过夜或以巡航高度下降着陆后，飞机表面温度和燃油温度可能还保持在冰点以下，霜的积聚很常见。

⑤ 外力作用吹来的雪或冰：如风速较大、其他飞机经过、其他设备运行等情况把机场雪、冰等吹上机体。

（3）积冰飞行的危害

飞机积冰对飞行的影响很大，常常会引发十分严重的事故，这里统计了一些案例：

1）1989 年 3 月 10 日，安大略航空公司一架福克 28 飞机，在雪暴中等待起飞 30min 后未除冰，翼面结冰造成飞机坠毁。

2）1990 年 2 月 17 日，瑞安航空公司一架 DC－9－10 飞机，在雪暴天气中装载邮件 35min 后未除冰，导致飞机失事。

3）1991 年 12 月 27 日，北欧航空公司一架麦道－81 飞机，在结冰天气条件下停放了一夜，机翼表面靠近机身处的薄冰破碎后被吸入发动机。

4）1993 年 3 月 5 日，马其顿航空公司一架福克 100 飞机在起飞后爬升失速坠地。经过调查，当时温度低、湿度大、下着中雪，飞机起飞前未除冰。

5）1994 年 10 月 31 日，美利坚鹰航空公司一架 ATR72 飞机，在结冰气象条件下等待批准下降高度 37min。向机场进近时，机翼除冰设备后面形成冰脊造成飞机急速滚转坠毁。

积冰能可能对飞行产生以下影响：

1）破坏气动外形，影响飞行性能。当飞机表面结冰时，特别是机翼和尾翼结冰时，会使飞机的空气动力特性和飞行特性显著变坏。积冰使流线型部位的形状发生明显变化，导致摩擦阻力和压差阻力显著增大。积冰也会导致翼型失真，破坏空气绕过机翼面的平滑流动，使升力明显减少，失速加快，失速速度增大，临界迎角减小。积冰还会使飞机的重量增加、阻力增大、耗油率增大，还有可能引起飞机重心位置改变，从而影响飞机的安定性和操作性。研究表明，当飞机前缘有 1.3mm 的积冰时，飞机升力就会减小 50%，阻力会增加 50%，可见积冰会严重影响飞行性能。

2）发动机积冰，影响动力输出。喷气式发动机进气道比飞机的其他部位更容易形成积冰，因为机翼和尾翼前部的动力增温比喷气式发动机进气口处要大得多。飞行实践表明，当外界气温小于 5℃ 时，喷气式发动机的进气口就可能发生积冰。进气道发生积冰会使进气速度场分布不均匀以及气流发生局部分离，引起压气机叶片的振动，冰屑脱离进入压气机会造成压气机机械损伤，从而降低发动机推力，严重的还可能造成发动机损坏或熄火。

3）机械结构冻结，难以操作。积冰会导致副翼、襟翼、尾翼等操作面被冻结在原有位置，或者运动受阻不能到位，从而影响飞机的操纵。起落架积冰会导致收起起落架时损坏相关设备，积聚在起落架的冰雪在飞机起飞时脱落可能会损坏飞机。

4）仪表和通信设备冻结，影响数据获取。空速管和静压孔积冰，会使空速表、气压高度表、迎角指示器、M 数指示器、升降器等一些重要驾驶仪表指示度失真。天线积冰会导致无线电通信失效，中断联络，强烈的积冰会压弯天线和机体接触造成短路，使无线导航设备失灵。

5）风挡积冰，影响视线。风挡积冰会大大降低其透明度，使目视条件恶化，严重影响飞行员判断。特别是在起飞和着陆阶段，由于影响目视，会使飞机着陆困难，导致判断着陆高度不准确，进而影响着陆安全。

4. 能见度

能见度是反应大气透明度的一个指标。在气象学中,能见度用气象光学视程表示,是指白炽灯发出色温为2700K的平行光束的光通量,在大气中削弱至初始值的5%所通过的路径长度。在航空学中,定义有所不同,能见度被认为是以暗色作为背景时1000烛光(1fc = 10.764lx)能够被识别的最远距离。

在空气特别洁净的极地或山区,能见度能够达到70～100km,然而能见度常常受大气污染和湿度影响而有所降低。霾和雾会严重影响能见度(见图5-9),可将能见度减低为零。另外,沙尘暴、森林大火、雷雨、暴风雪等也能对能见度造成巨大影响。

图5-9 雾霾导致的能见度降低

能见度降低对飞行的影响是显而易见的,会造成视程障碍,使目视条件恶化,严重影响飞行员的判断。特别是在起飞和着陆阶段,这种影响会特别明显,由于影响目视,会使飞机着陆困难(着陆高度判断不准确),也可能因看不清楚跑道中线或降落指示灯,影响飞机进场,进而影响着陆安全。

单元6 无人机飞行管理

教学视频

6.1 无人机飞行影响

民用无人机技术的发展使得无人机应用的成本和应用门槛都大为降低,行业发展十分迅速,民用无人机飞行管理也面临着新的挑战,军方、民航、公安、工信、体育、无人机业内、无人机行业应用方、无人机应用个人和其他民众等都在为此出谋划策、积极工作,民用无人机飞行影响的新闻也时有发生,引发了社会的普遍关切。

2017年1月,浙江杭州一位飞手使用大疆"御"四旋翼无人机对萧山机场的民航飞机进行了近距离拍摄(见图6-1)。飞手可能是出于好奇,但无人机在机场周边飞行的风险却实实在在存在,肇事者也被属地公安进行了处罚。

图 6-1　无人机近距离拍摄民航飞机画面

2017 年初，成都双流国际机场附近连续 9 次出现疑似无人机/航模非法飞行，严重干扰民航飞机起降，造成大面积的航班延误。据多方新闻报道，在 4 月 21 日一次干扰中，就导致双流国际机场 58 个航班备降西安、重庆、贵阳和绵阳机场，4 架飞机返航，超 1 万名旅客出行受阻被滞留机场。这将无人机飞行安全问题推到了舆论风口浪尖，导致成都在一定时间段内几乎全城禁飞。

2017 年 9 月，北京铁路警方进行了通报，河北滦县一村民，在当地青龙山高铁沿线附近试飞自制航模时，操作不当导致航模失控，掉落在京秦高铁线上，G2604 次列车被迫停车检查，造成列车晚点 22min，危及旅客和列车安全，肇事人也因此被依法行政拘留。

民用无人机伤人事件也时有发生，据浙青网－青年时报 2017 年 5 月 19 日报道，杭州西湖一名游客被旋翼无人机割伤眼睛，造成角膜和巩膜破裂；新浪微博和微信朋友圈也有爆出无人机飞手操作经验不足，伸手去接失控的无人机，导致手或手指被严重割伤；2017 年 6 月，广州市也出现了闹市区无人机坠落砸伤行人的事件。

国外也常发生无人机干扰正常生产生活的险情。2016 年 4 月 17 日，英国航空一架空客A320 客机在伦敦希思罗国际机场降落前几分钟，机身前部遭到无人机撞击，幸运的是没有引发严重事故。2015 年 7 月 20 日，德国汉莎航空公司一架客机在波兰华沙约 5km 处，一架无人机突然飞过，造成该区域空域临时关闭，超过 20 架飞机降落延迟。

由此可见，民用无人机并非玩具，市场上能够轻易买到的无人机也往往拥有不错的飞行性能。例如，大疆 spark "晓" 微型四旋翼无人机（见图 6-2），只有手掌大小，起飞重量约为 300g，售价 3000～4000 元，普通用户即有能力在网络商城或实体店购得。其最大平飞速度为 50km/h，理论升限达 4000m，续航时间为 15min 左右，行动范围十分广阔。比起这种微型的多旋翼无人机，大中型多旋翼无人机的飞行性能更为突出，固定翼无人机飞得更快更远，单旋翼无人机的旋翼威力远超多旋翼无人机，飞行风险也更大。

民用无人机飞行可能产生的影响归纳如下：

1）进入军事禁区。无人机拥有较强的通过能力和较广的拍摄角度，在进行飞行拍摄活动时，可能进入军事敏感区域或者拍摄到军事敏感区，如部队驻地、军事研究单位、军事设施等。军用飞机飞行线路也有较大的不确定性，低空飞行时容易受到无人机飞行的干扰。值得注意的是，无论是否有意，进入军事禁区拍摄都是违法犯罪行为，可能产生较为严重的后果。

图6-2 大疆"晓"四旋翼无人机

2）影响交通安全。无人机在交通线附近飞行时，可能影响交通工具的正常运行，前面已给出无人机影响民航飞机通航的例子，产生的风险和舆论影响都较为严重。对于地面交通，无人机的坠落风险也会产生威胁，无人机若进入高速公路、高铁线路、内河航道等区域并发生坠落，有可能引发交通事故，带来人员伤亡，情节严重的可能构成犯罪。2016年10月，浙江宁波就有无人机在高速公路坠落，击中一辆轻型货车，击碎风窗玻璃，造成驾驶室内两人轻伤。

3）引发人员受伤。常见的重1.5kg左右、飞100m高的微型无人机如果发生坠落，相当于一瓶1.5L的饮料从30多层高的居民楼被扔下，如果砸中行人，后果不堪设想；旋翼机的螺旋桨转速可以高达10000r/min以上，可以轻松割破皮肤甚至打断关节。无人机运行时突发意外，特别是在人群密集的场所发生坠落、磕碰等，很容易砸伤或割伤群众，引起社会治安问题。无人机飞手如果操作不当，也很容易对自己造成损害。

4）进入民用区域。比起进入军事禁区，无人机进入民用区域的发生概率更大，如政府单位、居民小区、学校、企业工厂、商场、公园等，如果有意抵近拍摄，可能侵犯公民隐私，影响企事业单位的正常生产和工作，引发安全和保密等问题。若进入有危险源的民用区域，如储油区、易爆品存储区、有毒物质存储区、危险生产设施等区域，无人机的坠落易引发次生风险。

5）其他影响。无人机如被违法犯罪分子利用可能产生极其严重的后果，国外恐怖组织就有利用大疆精灵3无人机携带一枚迫击炮炮弹炸毁美军悍马军车的案例。一些无人机飞手好奇心强，法制、道德意识淡薄，使用无人机进入事故场所拍摄，容易影响突发事故处置管理秩序，或者有意侵犯他人合法权益。

诚然，无人机飞行影响广泛，但是对于新技术，不可因噎废食、一禁了之。机动车引发的交通事故在我国每年造成几万到十几万人死亡，但这依然不能掩盖机动车对社会发展巨大的推动作用。对于民用无人机的飞行影响，应当正视和分析其风险，积极探索和建立有效的管控体系，保障无人机行业的健康有序发展，使人民群众能够享受到科技发展带来的便利。

6.2 无人机管理术语

为更好地开展无人机行业应用和学习无人机管理知识，首先要对无人机管理相关的术语做一些了解，这里对《民用无人驾驶航空器系统空中交通管理办法》（MD‑TM‑2016‑004）、《轻小无人机运行规定（试行）》（AC‑91‑FS‑2015‑31）、《无人驾驶航空器飞行管理暂行条例（征求意见稿）》《民用无人机驾驶员管理规定》（AC‑61‑FS‑2018‑20R2）等法规中出现的术语做一些收集，互为补充，同时对意思相近的术语进行合并或选择介绍：

1）无人机（Unmanned Aircraft，UA）：是由控制站管理（包括远程操纵或自主飞行）的航空器，也称远程驾驶航空器（Remotely Piloted Aircraft，RPA）。

2）无人机系统（Unmanned Aircraft System，UAS）：也称远程驾驶航空器系统（Remotely Piloted Aircraft Systems，RPAS），是指由无人机、相关的控制站、所需的指令与控制数据链路，以及批准的型号设计规定的任何其他部件组成的系统。

3）无人机系统驾驶员：由运营人指派对无人机的运行负有必不可少职责并在飞行期间适时操纵无人机的人。

4）无人机系统的机长：是指在系统运行时间内负责整个无人机系统运行和安全的驾驶员。

5）无人机观测员：由运营人指定的训练有素的人员，通过目视观测无人机，协助无人机驾驶员安全实施飞行，通常由运营人管理，无证照要求。

6）运营人：是指从事或拟从事航空器运营的个人、组织或企业。

7）控制站（也称遥控站、地面站）：无人机系统的组成部分，包括用于操纵无人机的设备。

8）指令与控制数据链路（Command and Control data link，C2）：是指无人机和控制站之间为飞行管理之目的的数据链接。

9）感知与避让：是指看见、察觉或发现交通冲突或其他危险，并采取适当行动的能力。

10）无人机感知与避让系统：是指无人机机载安装的一种设备，用以确保无人机与其他航空器保持一定的安全飞行间隔，相当于载人航空器的防撞系统。在融合空域中运行的XI、XII类无人机应安装此种系统。

11）视距内（Visual Line of Sight，VLOS）运行：无人机在驾驶员或观测员与无人机保持直接目视视觉接触的范围内运行，且该范围为目视视距内半径不大于500m，人、机相对高度不大于120m。

12）超视距（Beyond VLOS，BVLOS）运行：无人机在目视视距以外的运行。

13）扩展视距（Extended VLOS，EVLOS）运行：无人机在目视视距以外运行，但驾驶员或者观测员借助视觉延展装置操作无人机，属于超视距运行的一种。

14）融合空域：是指有其他有人驾驶航空器同时运行的空域。

15）隔离空域：是指专门分配给无人机系统运行的空域，通过限制其他航空器的进入以规避碰撞风险。

16）空机重量：是指不包含载荷和燃料的无人机重量，该重量包含燃料容器和电池等固体装置。

17）电子围栏：是指为防止民用无人驾驶航空器飞入或者飞出特定区域，在相应电子地理范围中画出其区域边界，并配合飞行控制系统，保障区域安全的软硬件系统。

18）无人机云系统（简称无人机云）：是指轻小民用无人机运行动态数据库系统，用于向无人机用户提供航行服务、气象服务等，对民用无人机运行数据（包括运营信息、位置、高度和速度等）进行实时监测。接入系统的无人机应即时上传飞行数据，无人机云系统对侵入电子围栏的无人机具有报警功能。

19）遥控驾驶航空器系统：由遥控驾驶航空器、相关的遥控站、所需的指挥与控制链路，以及批准的型号设计规定的任何其他部件构成的系统。

20）遥控驾驶航空器：由遥控站操纵的无人驾驶航空器。遥控驾驶航空器是无人驾驶航空器的亚类。

21）自主航空器：是指在飞行过程中，驾驶员全程或者阶段无法介入控制的无人驾驶航空器。

22）无线电视距内：是指发射机和接收机在彼此的无线电覆盖范围之内能够直接进行通信，或者通过地面网络使远程发射机和接收机在无线电视距内，并且能在相应时间范围内完成通信传输的情况。

23）超无线电视距：是指发射机和接收机不在无线电视距之内的情况。因此所有卫星系统都是超无线电视距的，遥控站通过地面网络不能在相应时间范围与至少一个地面站完成通信传输的系统也都是超无线电视距的。

24）机场净空区：也称机场净空保护区域，是指为保护航空器起飞、飞行和降落安全，根据民用机场净空障碍物限制图要求划定的空间范围。

25）人口稠密区：是指城镇、村庄、繁忙道路或大型露天集会场所等区域。

26）重点地区：是指军事重地、核电站和行政中心等关乎国家安全的区域及周边，或地方政府临时划设的区域。

27）模型航空器：是指重于空气、有尺寸和重量限制、不载人，不具有控制链路回传遥控站（台）功能或者自主飞行功能，仅限在操纵员目视视距内飞行或者借助回传图像进行第一视角遥控操纵飞行的无人驾驶航空器，包括自由飞、线控、无线电遥控模型航空器。

28）空域保持能力：是指具有高度与水平范围的控制能力。

29）植保无人机：是指设计性能同时满足飞行真高不超过30m、最大飞行速度不超过50km/h、最大飞行半径不超过2000m、最大起飞重量不超过150kg，具备可靠被监视能力和空域保持能力，专门用于农林牧植保作业的遥控驾驶航空器。

30）飞行安全高度：是指避免航空器与地面障碍物相撞的最低飞行高度。

31）等级：是指填在执照上或与执照有关并成为执照一部分的授权，说明关于此种执照的特殊条件、权利或限制。

32）类别等级：指根据无人机产生气动力及不同运动状态依靠的不同部件或方式，将无人机进行划分并成为执照一部分的授权，说明关于此种执照的特殊条件、权利或限制。

33）固定翼：指动力驱动的重于空气的一种无人机，其飞行升力主要由给定飞行条件下保持不变的翼面产生。在《民用无人机驾驶员管理规定》中作为类别等级中的一种。

34）无人直升机：是指一种重于空气的无人机，其飞行升力主要由在垂直轴上一个或多个动力驱动的旋翼产生，其运动状态改变的操纵一般通过改变旋翼桨叶角来实现。在《民用无人机驾驶员管理规定》中作为类别等级中的一种。

35）多旋翼：是指一种重于空气的无人机，其飞行升力主要由三个及以上动力驱动的旋翼产生，其运动状态改变的操纵一般通过改变旋翼转速来实现。在《民用无人机驾驶员管理规定》中作为类别等级中的一种。

36）垂直起降固定翼：是指一种重于空气的无人机，垂直起降时由与直升机、多旋翼类似起降方式或直接推力等方式实现，水平飞行由固定翼飞行方式实现，且垂直起降与水平飞行方式可在空中自由转换。在《民用无人机驾驶员管理规定》中作为类别等级中的一种。

37）无人自转旋翼机：是指一种无人旋翼机，其旋翼仅在起动或跃升时有动力驱动，在空中平飞时靠空气的作用力推动自由旋转。这种无人旋翼机的推进方式通常是使用独立于旋翼系统的推进式动力装置。在《民用无人机驾驶员管理规定》中作为类别等级中的一种。

38）无人飞艇：是指一种由动力驱动能够操纵的轻于空气的无人航空器。在《民用无人机驾驶员管理规定》中作为类别等级中的一种。

39）授权教员：是指持有按《民用无人机驾驶员管理规定》颁发的具有教员等级的无人机驾驶员执照，并依据其教员等级上规定的权利和限制执行教学的人员。

40）飞行经历时间：是指为符合民用无人机驾驶员的训练和飞行时间要求，操纵无人机或在模拟机上所获得的飞行时间，这些时间应当是作为操纵无人机系统必需成员的时间，或从授权教员处接受训练或作为授权教员提供教学的时间。

41）分布式操作：是指把无人机系统操作分解为多个子业务，部署在多个站点或者终端进行协同操作的模式，不要求个人具备对无人机系统的完全操作能力。

42）航空喷洒（撒）：以无人驾驶航空器作为搭载工具，使用专业设备将液体或固体干物料按特定技术要求从空中向地面目标喷雾或撒播的飞行活动。

43）航空摄影：以无人驾驶航空器作为搭载工具，使用专业设备获取地球地表反射、辐射以及散射电磁波信息的飞行活动。

44）空中拍照：以无人驾驶航空器作为搭载工具，使用专业设备获取空中影像资料的飞行活动。

45）表演飞行：以展示无人驾驶航空器性能、飞行技艺、普及航空知识和满足观众观赏为目的开展的无人驾驶航空器飞行活动。

46）驾驶员培训：训练机构通过培训驾驶技术及运行要求，以培养符合资质要求的无人机驾驶员为目的而开展的无人机飞行训练活动。

6.3　无人机飞行管理规定

民用无人机飞行管理正在逐年加强，已形成一定体系，但民用无人机管理仍面临较多的挑战，一方面由于无人机行业发展迅速，在短短几年内即由专业应用发展到人人可买、人人可玩，管理对象上存在很大的分散性和随机性；另一方面由于民用无人机飞行管理客观上的复杂性，涉及空间上的立体化、时间上的随机性、管理主客体上的多层级，使得有效管理相当有难度。民用无人机管理主要涉及政府职能部门（军方、民航、公安等）、无人机行业内、无人机应用方、无人机使用个人和不使用无人机的民众等，目前国家和地方已出台了一系列民用无人机管理相关法律法规，民用无人机行业、无人机应用行业和个人都积极参与进来，整个管理体系仍在不断进步和完善中。

1. 空域管理

(1) 民用航空法和民用航空空中交通管理规则

无人机的主要活动区域在空中，无人机的飞行活动应当满足当地空域管理法律法规的规定。我国民用无人机飞行活动属于民用航空范畴，归《中华人民共和国民用航空法》（以下简称《民用航空法》）管辖，《民用航空法》第一章总则第三条规定：

国务院民用航空主管部门对全国民用航空活动实施统一监督管理；根据法律和国务院的决定，在本部门的权限内，发布有关民用航空活动的规定、决定。国务院民用航空主管部门设立的地区民用航空管理机构依照国务院民用航空主管部门的授权，监督管理各该地区的民用航空活动。

我国对民用航空事业的发展持支持态度，《民用航空法》第一章总则第四条规定：

国家扶持民用航空事业的发展，鼓励和支持发展民用航空的科学研究和教育事业，提高民用航空科学技术水平。国家扶持民用航空器制造业的发展，为民用航空活动提供安全、先进、经济、适用的民用航空器。

《民用航空法》第七章空中航空规定，空域使用需受管理：

国家对空域实行统一管理，空域管理的具体办法，由国务院、中央军事委员会制定。

《民用航空空中交通管理规则》（CCAR-93-R5）（以下简称《空管规则》）对空域和在空域中活动的民航飞机做了更具体的规定。根据《空管规则》，我国的空域分为飞行情报区、管制空域、空中禁区、空中限制区、空中危险区、航路和航线。

1）飞行情报区是指为提供飞行情报服务和告警服务而划定范围的空域。我国现有飞行情报区11个：沈阳（ZYSY）、北京（ZBPE）、上海（ZSHA）、广州（ZGZO）、昆明（ZPKM）、武汉（ZHWH）、兰州（ZLHW）、乌鲁木齐（ZWVQ）、三亚（ZJSA）、香港（VHHK）、台北（RCAA）。飞行情报区是指由国际民航组织（ICAO）所划定，为提供飞行情报服务和告警服务而划定范围的空间。

2）管制空域：在我国空域内，沿航路、航线地带和民用机场区域设置管制空域，包括高空管制空域、中低空管制空域、进近管制域和机场管制地带。

① 高空管制空域：在我国境内标准大气压高度6000m（不含）以上的空间，可以划设高空管制空域。

② 中低空管制空域：在我国境内标准大气压高度6000m（含）至其下某指定高度的空间，可以划设中低空管制空域。

③ 进近管制空域：通常是指在一个或者几个机场附近的航路、航线汇合处划设的、便于进场和离场航空器飞行的管制空域。它是高空管制空域或者中低空管制空域与机场管制地带之间的连接部分。其垂直范围通常在6000m（含）以下最低高度层以上；水平范围通常为半径50km或者走廊进出口以内的除机场塔台管制区以外的空间。

④ 机场管制地带：通常包括起落航线和最后进近定位点之后的航段以及第一个等待高度层（含）以下至地球表面的空间和机场机动区。

3）空中禁区、空中限制区、空中危险区是根据需要，经批准划设的空域。按照国家有

关规定未经特别批准，任何航空器不得飞入空中禁区和临时空中禁区。在规定时限内，未经飞行管制部门许可的航空器，不得飞入空中限制区或者临时空中限制区。在规定时限内，禁止无关航空器飞入空中危险区或者临时空中危险区。

4）航路和航线：航路是由国家统一划定的具有一定宽度的空中通道，航线是航空飞行器飞行的空中线路。空中交通管制航路的宽度为20km，其中心线两侧各10km；航路的某一段受到条件限制的，可以减少宽度，但不得小于8km；在航路方向改变时，航路宽度则包括航路段边界线延长至相交点所包围的空域。空中交通管制航路和航线的下限应当不低于最低飞行高度层，其上限与飞行高度层的上限一致。

在我国空域内运行的民用航空活动还需遵守民用航空器国籍、民用航空器适航管理、航空人员训练和考核、民用航空器注册登记、飞行活动申报等一系列管理规定。《民用航空法》也同时规定民用航空器严禁进入禁飞区，未经批准不得飞出中华人民共和国领空，具体为第七章第七十八条规定：

民用航空器除按照国家规定经特别批准外，不得飞入禁区；除遵守规定的限制条件外，不得飞入限制区。前款规定的禁区和限制区，依照国家规定划定。

第七章第八十一条规定：

民用航空器未经批准不得飞出中华人民共和国领空。对未经批准正在飞离中华人民共和国领空的民用航空器，有关部门有权根据具体情况采取必要措施，予以制止。

根据《民用航空法》和《空管规则》等法律法规的规定，我国境内的民用无人机飞行活动至少应开展无人机的注册登记、驾驶员的执照管理、飞行活动申报、飞行活动的过程管理等几项基本工作，实际上，民用无人机管理的法律法规大体上也是按照这样的体系建立的。

（2）无人机活动空域

民用无人机主要在中低空活动，从目前已颁布的法律法规和习惯做法来看，有两点对无人机飞行空域的要求是拥有共识的：一是以机场/航线、军事管理区等为代表的禁飞区域是无人机非特殊情况不能进入的；二是微轻型无人机在隔离空域内的视距内飞行（真高不超过120m，以驾驶员为圆心半径不超过500m）飞行风险相对较小。然而仅有禁飞区域和适飞区域的简单划分是远远不够的，不能满足无人机飞行管理和生产生活的应用需要。《无人驾驶航空器飞行管理暂行条例（征求意见稿）》对无人机的活动空域做了细致的规定，这里列出以供参考。

《无人驾驶航空器飞行管理暂行条例（征求意见稿）》第二十八条：

划设以下空域为轻型无人机管控空域：
（一）真高120米以上空域；
（二）空中禁区以及周边5000米范围；
（三）空中危险区以及周边2000米范围；
（四）军用机场净空保护区，民用机场障碍物限制面水平投影范围的上方；
（五）有人驾驶航空器临时起降点以及周边2000米范围的上方；

（六）国界线到我方一侧 5000 米范围的上方，边境线到我方一侧 2000 米范围的上方；

（七）军事禁区以及周边 1000 米范围的上方，军事管理区、设区的市级（含）以上党政机关、核电站、监管场所以及周边 200 米范围的上方；

（八）射电天文台以及周边 5000 米范围的上方，卫星地面站（含测控、测距、接收、导航站）等需要电磁环境特殊保护的设施以及周边 2000 米范围的上方，气象雷达站以及周边 1000 米范围的上方；

（九）生产、储存易燃易爆危险品的大型企业和储备可燃重要物资的大型仓库、基地以及周边 150 米范围的上方，发电厂、变电站、加油站和中大型车站、码头、港口、大型活动现场以及周边 100 米范围的上方，高速铁路以及两侧 200 米范围的上方，普通铁路和国道以及两侧 100 米范围的上方；

（十）军航低空、超低空飞行空域；

（十一）省级人民政府会同战区确定的管控空域。

未经批准，轻型无人机禁止在上述管控空域飞行。管控空域外，无特殊情况均划设为轻型无人机适飞空域。

植保无人机适飞空域，位于轻型无人机适飞空域内，真高不超过 30 米，且在农林牧区域的上方。

2. 注册登记

（1）无人机的注册登记

中国民航局航空器适航审定司 2017 年 5 月 16 日发布《民用无人驾驶航空器实名制登记管理规定》（AP－45－AA－2017－03），要求中华人民共和国境内最大起飞重量为 250g 以上（含 250g）的民用无人机必须进行实名登记（见图 6-3）。登记要求：自 2017 年 6 月 1 日起，已有民用无人机拥有者必须按照本管理规定的要求进行实名登记，登记网址为 https：//uas. caac. gov. cn。2017 年 8 月 31 日后，如果未按照本管理规定实施实名登记和粘贴登记标志的，其行为将被视为违反法规的非法行为，其无人机的使用将受影响，监管部门将按照相关规定进行处罚。2017 年 8 月 31 日后拥有的无人机实行拥有即登记。

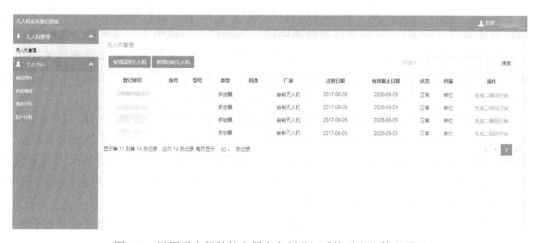

图 6-3　民用无人驾驶航空器实名制登记系统无人机管理页面

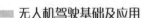

由《民用无人驾驶航空器实名制登记管理规定》可知，我国对民用无人机的拥有和使用实行严格的实名登记政策，个人拥有的无人机进行个人登记，单位拥有的无人机实行单位登记，无论是组装机还是成品机均需要完成登记。对规定出台前已拥有的无人机要求进行补充登记，对规定出台后的无人机实行拥有即登记，对于不进行实名登记的民用无人机不承认其合法性。拥有的无人机如发生转售、丢失、报废等情况，应及时上报变更或注销。

（2）无人机运营单位的注册或登记

无人机运营单位分为经营性和非经营性两种，经营性单位主要为提供无人机服务的公司，非经营性单位主要为不以无人机服务为盈利目的的单位。

《非经营性通用航空登记管理规定》（CCAR－285）第八条规定：

> 申请非经营性通用航空活动登记，应当具备下列条件：
> （一）有与所从事的非经营性通用航空活动相适应、符合保证飞行安全要求、具有国籍登记证和适航证的民用航空器；
> （二）有依法取得执照的航空人员；
> （三）有可使用的机场、空域和地面保障的设施设备；
> （四）符合法律、行政法规规定的其他条件。
> 对于使用民航规章《一般运行和飞行规则》中规定的超轻型飞行器的，不要求其具有国籍登记证和适航证，航空人员也无执照要求。

办事主要程序：中国民用航空总局负责汇总全国非经营性通用航空登记情况；民航地区管理局负责本辖区内非经营性通用航空登记和管理工作。申请非经营性通用航空登记的单位或个人（以下简称申请人），应填写《非经营性通用航空登记申请书》，并向所在地民航地区管理局提交民航总局第130号令规定的相关申请材料；经核准符合规定条件的，民航地区管理局应自受理之日起20日内做出核准登记的决定，并向申请人颁发《非经营性通用航空登记证》；经核准不符合规定条件的，民航地区管理局应自受理之日起20日内做出不予登记的决定，并以书面形式答复申请人；非经营性通用航空登记证书有效期为3年。已登记的单位或个人应于登记证书有效期届满前30日内，以书面形式向民航地区管理局提出换证申请，并提交民航总局第130号令规定的相关申请材料。经受理机关核准后，予以换发《非经营性通用航空登记证》；从事非经营性通用航空活动的单位或个人，其名称、航空器所有权、地址等规定事项发生变更的，应自相关事项变更之日起20日内，向原受理机关提出变更申请，并提交相关申请材料。经受理机关核准后，予以变更，并换发非经营性通用航空登记证。

根据《民用无人驾驶航空器经营性飞行活动管理办法（暂行)》（MD－TR－2018－01），中华人民共和国境内（港澳台地区除外）使用最大空机重量为250g以上（含250g）的无人驾驶航空器开展航空喷洒（撒）、航空摄影、空中拍照、表演飞行等作业类和无人机驾驶员培训类的经营活动应当取得经营许可证，未取得经营性许可证的不得开展经营性飞行活动。无人驾驶航空器开展载客类和载货类经营性飞行活动不适用该办法。

《民用无人驾驶航空器经营性飞行活动管理办法（暂行)》第五条规定了申领经营性许可证的基本条件：

（一）从事经营活动的主体应当为企业法人，法定代表人为中国籍公民；

（二）企业应至少拥有一架无人驾驶航空器，且以该企业名称在中国民用航空局"民用无人驾驶航空器实名登记信息系统"中完成实名登记；

（三）具有行业主管部门或经其授权机构认可的培训能力（此款仅适用从事培训类经营活动）；

（四）投保无人驾驶航空器地面第三人责任险。

《民用无人驾驶航空器经营性飞行活动管理办法（暂行)》第七条对具体申请方法和材料做出指引：

申请人应当通过"民用无人驾驶航空器经营许可证管理系统"（http://uas. ga. caac. gov. cn）在线申请无人驾驶航空器经营许可证，申请人须在线填报以下信息，并确保申请材料及信息真实、合法、有效：

（一）企业法人基本信息；

（二）无人驾驶航空器实名登记号；

（三）无人机驾驶员培训机构认证编号（此款仅适用于培训类经营活动）；

（四）投保地面第三人责任险承诺；

（五）企业拟开展的无人驾驶航空器经营项目。

民用无人驾驶航空器经营许可证如图6-4所示。

图6-4　民用无人驾驶航空器经营许可证

3. 飞行活动申报

《民用航空法》第七十四条规定民用航空器在管制空域内进行飞行活动，应当取得空中交通管制单位的许可。第七十九条也同时规定非必要和未得到批准的情况下，民用航空器不得飞越城市上空。由此可见，合法的飞行应当按要求进行飞行活动申报或登记，飞行活动的申报或登记是飞行管理的重要环节，按照《民用航空法》要求，民用无人机相关的专门管理办法和规定对飞行活动申报事宜做了更为具体的要求。

中国民航局空管办于2016年9月21日下发修订完成的《民用无人驾驶航空器系统空中交通管理办法》（MD-TM-2016-004），在下发之日起开始施行。该办法适用于依法在航路航线、进近（终端）和机场管制地带等民用航空使用空域范围内或者对以上空域内运行存在影响的民用无人驾驶航空器系统活动的空中交通管理工作。该办法明确了无人驾驶航空器的评估管理、空中交通服务、无线电管理等内容，是管理无人驾驶航空器飞行活动的重要文件之一。《民用无人驾驶航空器系统空中交通管理办法》指出，民用无人驾驶航空器仅允许在隔离空域内飞行，由组织单位和个人负责实施，并对其安全负责。民用无人驾驶航空器需要在非隔离空域飞行的，需要满足一定条件，并应当通过地区管理局评审，这些条件包括：机场净空保护区以外；最大起飞重量小于或等于7kg；在视距内飞行，且天气条件不影响持续可见无人驾驶航空器；在昼间飞行；飞行速度不超过120km/h；民用航空器符合适航管理相关要求；驾驶员符合相关资质管理要求；有效的航空器系统检查；不得对飞行活动以外的其他方面造成影响；运营人确保前述条件实施。民用无人驾驶航空器飞行应当为其单独划设隔离空域，明确水平范围、垂直范围和使用时段。可在民航使用空域内临时为民用无人驾驶航空器划设隔离空域。民用无人驾驶航空器系统活动中使用的无线电频率、无线电设备应当遵守国家无线电管理法规和规定，且不得对航空无线电频率造成有害干扰。未经批准，不得在民用无人驾驶航空器上发射语音广播通信信号。

《轻小无人机运行规定（试行）》（AC-91-FS-2015-31）、《民用无人机驾驶员管理规定》（AC-61-FS-2018-20R2）、《民用无人驾驶航空器经营性飞行活动管理办法（暂行）》（MD-TR-2018-01）、《无人驾驶航空器飞行管理暂行条例（征求意见稿）》等无人机管理相关规定、办法和条例也描述了飞行管理申报的专门条目或涉及条目。如《轻小无人机运行规定（试行）》（AC-91-FS-2015-31）要求"未接入无人机云的民用无人机，运行前需要提向管制部门提出申请，并提供有效监视手段"。《民用无人驾驶航空器经营性飞行活动管理办法（暂行）》指出"许可证持有人应在飞行活动结束后72小时内，通过系统报送相关作业信息"。

4. 执照管理

无人机的运行总是伴随着操作人员，人也是无人机运行的责任主体，无人机驾驶员（业界也称操控员、操作手、飞手等）数量持续快速增加，驾驶员管理是无人机管理的重要环节，中国民用航空局飞行标准司在2018年8月31日发布了《民用无人机驾驶员管理规定》（AC-61-FS-2018-20R2），这是对无人机驾驶员进行资质管理的主要文件。管理规定明确了在何种情况下和驾驶何种类别的无人机从事相应活动时所需的执照类型和等级

（见图6-5），同时也明确了相应类型和等级的执照获取条件，在模块1中对《民用无人机驾驶员管理规定》的内容已有所涉及，这里做更多具体介绍。

图6-5　无人机云执照App上显示的民用无人驾驶航空器驾驶执照

（1）《民用无人机驾驶员管理规定》对无人机的分类

无人机分类是无人机分级管理的重要基础，《民用无人机驾驶员管理规定》主要按重量进行分类，分类结果见表6-1。生活娱乐应用常用Ⅰ和Ⅱ级别的无人机，普通应用常用Ⅱ和Ⅲ级别的无人机，行业应用常用Ⅲ级以上的无人机。显然，越重的无人机其运营驾驶员的管理越严格。

表6-1　《民用无人机驾驶员管理规定》对无人机的分类

分类等级	空机重量/kg	起飞全重/kg
Ⅰ	$0 < W \leqslant 0.25$	
Ⅱ	$0.25 < W \leqslant 4$	$1.5 < W \leqslant 7$
Ⅲ	$4 < W \leqslant 15$	$7 < W \leqslant 25$
Ⅳ	$15 < W \leqslant 116$	$25 < W \leqslant 150$
Ⅴ	植保类无人机	
Ⅺ	$116 < W \leqslant 5700$	$150 < W \leqslant 5700$
Ⅻ	$W > 5700$	

注：1. 实际运行中，Ⅰ、Ⅱ、Ⅲ、Ⅳ、Ⅺ类分类有交叉时，按照较高要求的一类分类。

2. 对于串、并列运行或者编队运行的无人机，按照总重量分类。

3. 地方政府（例如当地公安部门）对于Ⅰ、Ⅱ类无人机重量界限低于本表规定的，以地方政府的具体要求为准。

（2）年龄要求

申领民用无人机执照须满足年满 16 周岁、三年内无刑事犯罪记录、具有初中或初中以上文化程度三项基本条件要求。

（3）分类管理

民用无人机系统功能、种类、重量、性能等不一，因此有必要对驾驶员实施分类管理。《民用无人机驾驶员管理规定》将无人机驾驶员分为无须证照管理驾驶员、视距内运行驾驶员、超视距运行驾驶员、教员、植保类无人机驾驶员五个管理类别，另对民航局授权行业协会已颁发的证照做转移说明，具体内容如下：

（1）下列情况下，无人机系统驾驶员自行负责，无须证照管理：

A. 在室内运行的无人机；

B. Ⅰ、Ⅱ类无人机（分类等级见第 6 条 C 款⊖。如运行需要，驾驶员可在无人机云系统进行备案。备案内容应包括驾驶员真实身份信息、所使用的无人机型号，并通过在线法规测试）；

C. 在人烟稀少、空旷的非人口稠密区进行试验的无人机。

（2）在隔离空域和融合空域运行的除Ⅰ、Ⅱ类以外的无人机，其驾驶员执照由局方实施管理。

A. 操纵视距内运行无人机的驾驶员，应当持有按本规定颁发的具备相应类别、分类等级的有效视距内等级驾驶员执照，并且在行使相应权利时随身携带该执照。

B. 操纵超视距运行无人机的驾驶员，应当持有按本规定颁发的具备相应类别、分类等级的有效超视距等级的驾驶员执照，并且在行使相应权利时随身携带该执照

C. 教员等级

1）按本规则颁发的相应类别、分类等级的具备教员等级的驾驶员执照的持有人，行使教员权利应当随身携带该执照。

2）未具备教员等级的驾驶员执照持有人不得从事下列活动：

i）向准备获取单飞资格的人员提供训练。

ii）签字推荐申请人获取驾驶员执照或增加等级所必需的实践考试。

iii）签字推荐申请人参加理论考试或实践考试未通过后的补考。

iv）签署申请人的飞行经历记录本。

v）在飞行经历记录本上签字，授予申请人单飞权利。

D. 植保类无人机分类等级

担任操纵植保无人机系统并负责无人机系统运行和安全的驾驶员，应当持有按本规定颁发的具备Ⅴ分类等级的驾驶员执照，或经农业农村部等部门规定的由符合资质要求的植保无人机生产企业自主负责的植保无人机操作人员培训考核。

（3）自 2018 年 9 月 1 日起，民航局授权行业协会颁发的现行有效的无人机驾驶员合格证自动转换为民航局颁发的无人机驾驶员电子执照，原合格证所载明的权利一并转移至该电子执照。原Ⅶ分类等级（超视距运行的Ⅰ、Ⅱ类无人机）合格证载明的权利转移至Ⅲ分类等级电子执照。

⊖ 分类等级见表 6-1。

5. 地方政府对无人机飞行管理规定

无人机飞行管理在世界范围内都属于新兴问题，可以借鉴的经验很少，我国无人机行业和管理在近几年均发展迅速，地方政府做出了不小的贡献。相比国家层面的法律法规，地方政府出台的无人机管理规定在执行国家要求的基础上更加细致。如广东省公安厅发布的《关于加强无人机等"低慢小"航空器安全管理的通告》对无人机管理中的禁止或限制飞行区域描述得十分细致、清楚，在开展飞行活动时可以作为参考。该通告第三大点规定：

严禁在以下区域的上空飞行无人机等"低慢小"航空器：

（一）机场净空保护区（机场跑道中心线两侧各10公里[一]、跑道两端各20公里范围）以及民航航路、航线，高速和普通铁路、公路以及水上等交通工具运行沿线、区域；

（二）党政机关、军事管制区、通信、供水、供电、能源供给、危化物品贮存、大型物资储备、监管场所等重点敏感单位、部位及其设施；

（三）大型活动场所、公民聚居区、车站、码头、港口、广场、公园、景点、商圈、学校、医院等人员密集区域；

因现场勘察、施工作业、航空拍摄等工作需要，确需在上述区域飞行无人机等"低慢小"航空器，有规定需提前申报批准的，须按规定获得批准后开展作业。

在安全管理通告发布后，广东省公安厅又发布《广东省使用民用无人驾驶航空器治安管理办法》（粤公网发〔2017〕2606号），细化广东省内民用无人驾驶航空器治安管理，将无人机违法违规的需遭处理的要求落到实处，现将其中部分主要内容总结如下：

第二条适用范围：本办法所称的民用无人驾驶航空器，是指没有机载驾驶员操纵、自备飞行控制系统，并从事非军事、警察、海关飞行任务的航空器。

第四条~第九条，分别从政府及部门职责、行业自律、宣传教育、诚信制度、举报奖励制度、系统建设方面阐述民用无人驾驶航空器治安管理的参与单位和个人，要求政府管理部门通力合作、加强宣传、系统管理，要求行业自律、鼓励内部规范建设、自觉接受政府监督，要求行业个人依法依规避免影响公共信用，鼓励群众监督举报、营造全民参与的社会氛围。

第十六条 ［违法违规情形］有下列情形之一的属于违法违规飞行民用无人驾驶航空器活动：

（一）飞行违法生产、销售的航空器的；

（二）未实名登记注册，或虚假登记注册的；

（三）不在航空器上粘贴登记标志的；

（四）航空器依法应当取得适航证，未取得或者失效的；

（五）驾驶员依法应当取得证照，未取得或者失效的；

（六）违反空域管理、飞行管理规定的；

（七）飞行无人驾驶航空器发生违法犯罪行为的；

（八）其他违法违规情形。

第十七条 ［违法犯罪行为］严禁任何单位、个人使用民用无人驾驶航空器实施下列违法犯罪行为：

[一]　1公里＝1千米

（一）偷拍军事设施、重要党政机关和其他保密场所；

（二）扰乱机关、团体、企业、事业单位的工作、生产、教学、科研、医疗等秩序；

（三）携带、投放爆炸性、毒害性、放射性、腐蚀性、传染性物质或者违禁物品；

（四）偷窥、偷拍、传播公民隐私；

（五）危害他人人身安全，损毁公私财物；

（六）侵犯住宅权、制造噪声等侵权行为；

（七）妨碍国家机关工作人员依法执行职务；

（八）法律法规禁止的其他行为。

第十九条［教育处罚］对违法违规使用民用无人驾驶航空器行为，情节轻微、未造成危害的，公安机关应当予以劝阻、批评教育。对不听劝阻，或者造成危害的，公安机关采取下列处置措施：

（一）强制改正违法违规行为；

（二）维持现场秩序，减少、消除危害和影响；

（三）采取技术反制措施；

（四）暂扣或者收缴无人驾驶航空器；

（五）将行为人带离现场；

（六）核查购买者、持有人、驾驶员等人员情况；

（七）通报空军、民航、空管等部门联合查处；

（八）对行为人今后购买航空器、申报空域、取得证照等行为作出限制；

（九）构成犯罪的依法追究行为人刑事责任，尚不构成犯罪的给予治安管理处罚。

第二十三条～第二十七条规定了罚则，根据违法犯罪行为的情节轻重不同，公安机关按照本办法可以给予警告、责令改正、处以 10000 元以上 30000 元以下罚款等处罚，并可给予治安管理处罚，情节严重的应当追究刑事责任。

6. 其他法律法规

无人机飞行管理所涉及的法律法规种类丰富，以上列举了部分常用规定和条例作为参考，此外还有其他涉及或专门规定的无人机运行法律法规、技术规范、行业标准等，如《中华人民共和国刑法》、《中华人民共和国治安管理处罚法》、《中华人民共和国飞行基本规则》、《通用航空飞行管制条例》、《民用航空空中交通管理规则》、《遥控驾驶航空器系统手册》、《民用航空人员体检合格证管理规则》、《测绘管理工作国家秘密范围的规定》（重要部分摘录见表 6-2）、《1：500 1：1000 1：2000 地形图航空摄影规范》等。

表 6-2　《测绘管理工作国家秘密范围的规定》中的保密要求

（重要部分，无人机作业时也应当遵守）

密　级	事　项	使用范围
绝密级	1：10000、1：50000 全国高精度数字高程模型等	国家测绘地理信息局批准的测绘成果保管单位及用户；总参谋部测绘局批准的军事测绘成果保管单位及用户

（续）

密　级	事　　项	使用范围
机密级	涉及军事禁区的大于或等于 1：10000 国家基本比例尺地形图及其数字化成果 1：25000、1：50000、1：100000 国家基本比例尺地形图及其数字化成果等	省级以上测绘行政管理部门批准的测绘成果保管单位及用户；大军区以上军队测绘主管部门批准的军事测绘成果保管单位及用户
秘密级	非军事禁区 1：5000 国家基本比例尺地形图；或多张连续的、覆盖范围超过 6km² 的大于 1：5000 的国家基本比例尺地形图及其数字化成果 1：500000、1：250000、1：10000 国家基本比例尺地形图及其数字化成果 军事禁区及国家安全要害部门所在地的航摄影像等	经县市级以上测绘行政主管部门批准的测绘成果保管单位及用户；经大军区以上军队测绘主管部门批准的军事测绘成果保管单位及用户

6.4　无人机飞行管理的普遍参与

无人机飞行管理属于复杂的社会管理，政府职能部门在无人机飞行管理中负有领导责任，但仅依靠政府职能部门是远远不够的，会出现责任主体不完整、管理成本过高、行业联系不紧密、不能充分调动社会能力等问题。政府主导、行业配合、个人自律的社会全面参与的管理方式是比较可期的无人机管理发展方向。涉及无人机管理的非政府部门有无人机行业、无人机应用单位、无人机使用个人和不使用无人机的民众等。

1. 无人机行业支持无人机飞行管理

无人机行业内组织主要包括无人机行业协会、无人机制造企业、无人机应用开发单位、无人机服务支持单位、无人机驾驶员培训机构等，无人机行业是无人机飞行管理的有力支持力量。无人机行业是无人机设计、制造和使用的主力单位，缺少了无人机行业这个主体，无人机飞行管理便成无源之水，不得要领。无人机行业是高新技术行业，飞行管理的信息化和智慧化水平建设同样重要，此项工作离开了无人机行业的支持是难以达成的。维护无人机行业的良性发展是无人机飞行管理的主要目的，无人机行业作为监管对象和受益方，应当也必须加入到无人机飞行管理中来。事实上，政府和无人机行业已在携手进行无人机飞行管理，无人机行业已为无人机飞行管理贡献了大量的智慧、建议、行动和技术。下面就一些方面做一些介绍。

（1）参与法律法规制定

无人机行业是无人机飞行管理法律法规制定的重要参与者，无人机飞行管理法律法规可以通过座谈会、征求意见等多种方式向无人机行业征询有益意见和建议，甚至直接邀请无人机行业加入到立法过程中，推动无人机管理法律法规的完善。如中国航空器拥有者及驾驶员协会（简称中国 AOPA）对《轻小无人机运行规定（试行）》和《民用无人机驾驶员管理规定》等法规的制定做出了重要贡献。在《民用无人机驾驶员管理规定》颁布前几年，AOPA就开展广泛的民用无人机驾驶员培训实践，除为民用市场提供了国内第一批较合格的驾驶员外，也积极进行管理办法的探索，制定了自己的驾驶员培训和管理规定，为民航局正式修订和颁布《民用无人机驾驶员管理规定》做出了重要贡献。

（2）提供第三方技术和服务支持

在介绍无人机飞行管理规定时，多种管理规定提及了保险服务和无人机云技术支持。如《民用无人驾驶航空器经营性飞行活动管理办法（暂行）》（MD‐TR‐2018‐01）要求进行经营性飞行活动的单位必须为无人机购买第三方责任险；再如《轻小无人机运行规定（试行）》（AC‐91‐FS‐2015‐31）对无人机云的使用要求如下：

14.1.2 接入无人机云的民用无人机。

a. 对于重点地区和机场净空区以下使用的Ⅱ类和Ⅴ类的民用无人机，应接入无人机云，或者仅将其地面操控设备位置信息接入无人机云，报告频率最少每分钟一次。

b. 对于Ⅲ、Ⅳ、Ⅵ和Ⅶ类的民用无人机应接入无人机云，在人口稠密区报告频率最少每秒一次。在非人口稠密区报告频率最少每30秒一次。

c. 对于Ⅳ类的民用无人机，增加被动反馈系统。

14.1.3 未接入无人机云的民用无人机。

运行前需要提前向管制部门提出申请，并提供有效监视手段。

保险服务和无人机云服务是十分适合第三方开展的服务内容，能够减小政府管理的压力，也能分担无人机行业的风险，并形成新的产业。市场被激活后，无人机保险服务和无人机云服务产品也越来越多。

保险市场早已形成体系，无人机保险服务给保险公司提供了新的发展途径，无人机行业内也有利用自己的行业优势积极发展保险业务的，机身损失险、第三者责任险和飞手意外险等为常见的险种（见图6-6）。机身损失险是消费级无人机爱好者比较喜欢的险种，当无人机损坏或飞丢时可以获得一定的赔付。第三者责任险是从事经营性活动的无人机企业比较喜欢的险种，主要用于作业过程中无人机带来的损失赔付。无人机保险目前运行的主要困难是定责难，造成无人机事故的原因可能是飞手原因、无人机产品原因、无人机控制系统原因、环境干扰原因、第三方原因等，这些原因的理清较难。

	经典版	白银版	黄金版	铂金版
赔偿限额	累计10万，每次事故5万	累计20万，每次事故10万	累计50万，每次事故25万	累计100万，每次事故50万
免赔额	物损:每次2000元或损失金额的10%，高者为准	物损:每次2000元或损失金额的10%，高者为准	物损:每次2000元或损失金额的10%，高者为准	物损:每次2000元或损失金额的10%，高者为准
保障期限	1年	1年	1年	1年
	影视/航拍	影视/航拍	影视/航拍	影视/航拍
	300元起	600元起	1500元起	3000元起

图6-6 众安保险官网介绍的"安心飞"系列无人机保险产品

　　无人机云也是提供无人机数据接入服务的技术产品，无人机接入云系统后能够受到有效的监管，可以简化飞行申报的环节，也能及时获取飞行所需信息。目前已有多家无人机云运营企业符合《无人机云系统接口数据规范》而受到民航局认可批准，较早的有优云系统（U–Cloud）、U–Care、飞云系统、北斗云系统（BD–cloud）、无忧云管家系统等。优云系统（见图6-7）于2016年3月获得民航局飞行标准司的运行批文，为首家获批的无人机云，运营主体是中国AOPA。无人机驾驶员培训机构在训练中将无人机接入无人机云系统并进行注册后，无人机飞行时的飞行路线、高度、速度、航向等数据都会被实时纳入云数据库存储。通过采集到的数据，对在1500m以下所有的航空器、无人机等飞行器进行低空监测。U–Care于2016年4月20日获得试运行批文，运营主体是青岛云世纪信息科技有限公司。飞云系统于2016年8月获得试运行批文，运营主体是成都福来鹰通用航空有限公司。北斗云于2017年8月28日获得运行批文，运营主体是北京中斗科技股份有限公司，北斗云可以对无人机运行数据进行实时动态监测，对无人机飞行进行定位、跟踪、记录、分析，并记录入库，对越界飞行等状况进行及时告警和线路优化。无忧云管家系统于2018年1月2日获得批文，运营主体为北京云无忧大数据科技有限公司。

图6-7　优云系统（U–Cloud）网站和数据收集盒子U–Box

除了无人机保险和无人机云系统外，其他可以提升无人机应用和服务水平的第三方服务均有发展的潜力。例如，空域申请目前仍是无人机行业应用较为专业和繁琐的领域，虽然空域申请完全可以由飞行任务单位或个人自行完成，但应用方仍十分有意愿购买第三方空域申请服务，一方面免去无人机应用方的繁琐操作，另一方面在一定程度上促进了依法申请空域工作的发展。为更好地提升服务水平，也有企业打造一站化的无人机服务，如中国空网科技有限公司（见图6-8）就能同时提供空域申请、保险、无人机云接入、飞行数据管理的服务，最大化地解决了用户需求，也为无人机飞行管理做出贡献。

图6-8　中国空网能够提供多样化的无人机第三方服务

（3）优化无人机系统设计

无人机制造企业在达到适航要求和进行标示的基础上，通过进一步提升无人机系统的产品质量和服务质量，能够极大地提高无人机飞行管理效率。性能越可靠的无人机，引起的飞行风险越小，能极大提高无人机的飞行安全性，因此无人机性能的可靠性是衡量其是否优异的最主要指标之一。无人机普遍拥有智能飞行能力，高度智能化的飞行能力能够缓解无人机驾驶员驾驶压力，如无人机避障功能能够在一定程度上防止失误造成的坠机。无人机重量设置和飞行高度限制等能配合法律法规的实施，如零度 DOBBY 无人机（见图6-9）起飞全重低于200kg、飞行限高为真高50m，能够满足无执照的无人机使用者在全世界大部分地方的使用而不与法律法规相抵触。无人机企业还可以提升保障服务，向客户提供使用培训服务和中期维护服务，向客户提供禁飞和限飞区域指示或咨询通知等，如控制大疆无人机飞行 App 中有禁飞和限飞区提示（见图6-10）。

2. 无人机应用单位和个人参与无人机管理

民用无人机应用单位和个人是指只应用无人机的单位或个人，他们不生产或研发无人机系统及其应用产品，主要使用无人机及其应用产品从事本行业需求的工作。这些单位或个人可能是非无人机行业的应用单位（如电力、新闻、影视、农林等部门）、教育单位（不含驾驶员培训单位）、无人机或航模飞行爱好者等。

民用无人机应用单位和个人使用无人机的部分特点增加了无人机飞行管理的难度。这些

图 6-9　零度智控官网展示的 DOBBY 超微型无人机

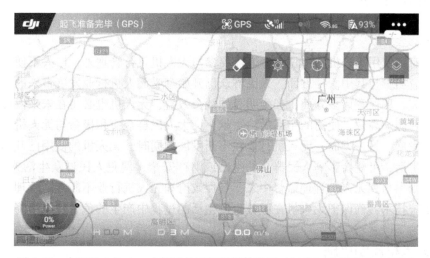

图 6-10　大疆无人机 App 中提示的民航机场禁飞区（红色）和限飞区（灰色）

特点有：随机性强，民用无人机应用单位和个人使用无人机时往往不是有计划地使用，而是在使用地点和使用时间上有较大的随机性；飞行技术差异大，民用无人机应用单位和个人受到的飞行训练程度参差不齐，部分受过完整的飞行训练或已积累了丰富的飞行经验，而更多的则是飞行"菜鸟"，有的甚至是零基础飞行；理论知识不全面，相比于飞行技术，理论知识更容易被忽视，理论知识的不足会带来较大的安全隐患，如无人机爱好者中常见的飞丢现象主要原因并不是控制技术问题，而是对无人机系统知识或飞行环境知识不了解。在政府主导、无人机行业技术支持的前提下，民用无人机应用单位和个人参与无人机飞行管理最重要的是自律，可以从以下几方面开展自律工作：

1）有无人机使用需求的应用单位，可以在内部建立无人机工作团队，建立无人机内部管理制度，通过从外部引进培训和内部自我学习来掌握无人机的飞行能力和管理要求。作业时应做好飞行任务方案和飞行申报，评估飞行风险，积极购买保险。应用需求较多、较大的行业，可以积极参与无人机飞行管理政策的制定，在遵守国家、地方法律法规的基础上，研究符合本行业无人机使用标准或技术规范，这不仅有利于培养合格的无人机团队、加强无人机飞行管理，也能极大地提升无人机行业应用效率。

2）无人机应用的个人首先应该进行足够的飞行能力训练，确保能够熟练地操作无人机系统。其次，应该熟悉所使用的无人机机型和参数，特别要了解续航时间、控制距离、负载能力等参数。再次，要做好飞行前检查，确保无人机各设备和传感器工作正常，特别关注动力电池、IMU、指南针等性能是否正常。最后要严格控制飞行区域，在室内或空旷地等适飞区域飞行，不进入禁飞区域，在限制区域飞行的，应依法持证或申报，严格按照既定计划飞行或娱乐，绝不进行侵犯个人隐私、危害国家和公共安全的违法违规飞行。

3）无人机应用单位和个人参与无人机飞行管理，不仅是有效落实飞行管理政策的必要条件，也是对自身利益的保障。严格自律，有利于无人机应用单位和个人降低飞行风险，减小重大事故出现的概率。进行飞行能力训练，掌握熟练的飞行技能，能有效地降低碰撞、坠毁、飞丢等因素造成的飞行器损失，节约飞行器的维修和再购买费用。应用行业良好的飞行习惯，有利于提高公众对无人机飞行活动的认可，把无人机当作工具而不是威胁，能够促进无人机行业的良性发展。

3. 不使用无人机的民众参与无人机管理

除了政府和使用无人机的单位和个人需要参与无人机飞行管理外，广大不使用无人机的人民群众也应当参与其中。一方面，人民群众已开始享受无人机行业发展带来的福利，这涉及影视、救灾、环保等诸多方面，产生明显的社会效益，无人机也必将在未来发挥更多的作用，为打造智能、高效、便捷的生活做出贡献，广大人民群众应积极参与无人机管理，推动无人机行业发展。另一方面，无人机行业在不断发展的同时，无人机的使用已开始影响普通人民群众的生活，可能会影响人民群众的生命或财产安全，侵犯人民群众生活或工作隐私，人民群众应当参与到无人机管理监督中来，督促政府和无人机行业不断提高管理水平或者改进无人机系统技术，确保把无人机在服务生产生活的过程中产生的危害性风险降到最低。

6.5 无人机反制措施

无人机的飞行管理除了法律法规、处罚措施、行业配合、个人自律和民众普遍参与等事前、事后措施外，还需要有效的事中反制措施，能够对飞行过程中的无人机进行发现和及时处置，尽快消除威胁。民用无人机的反制措施主要考虑的是探测跟踪或预警、干扰或捕获，战场上的无人机反制还需考虑毁伤敌机和识别伪装，下面主要介绍民用无人机的反制措施。

（1）探测跟踪或预警

民用无人机大多属于"低慢小"航空器，即高度低、飞得慢、体积小，"低慢小"航空器是指飞行高度低于500m、飞行速度小于200km/h、雷达反射面积小于$2m^2$的飞行目标。无人机制造采用塑料、碳纤维、复合材料等非金属材料较多，透波性好，难以反射雷达波，RCS很低，探测难度比先进隐身飞机还高。无人机速度慢，多普勒效应不明显，飞行高度低，容易受下垫面树木、房屋等反射杂波影响，导致本就微弱的返回信号被淹没。因此传统的陆基对空警戒雷达难以对小无人机做到有效监管，往往是目标飞到目视距离，才会被肉眼所发现，对付无人机需要开发新的探测系统（见图6-11）。新的探测方式可以是继续改进雷达，使用电磁波直接探测，使其工作模式、工作波段和频率等性能指标能满足探测无人机需求；也可以使用声光电等复合探测方式，提高探测有效性。有效的探测是有效预警的前提，无人机预警是指能够对无人机的接近进行告警，民航等禁飞区域和大型活动场所对无人机预警系统有一定需求。

a) 三坐标雷达

b) 有源相控阵雷达

c) 光电复合探测系统

图6-11　用于探测无人机的系统

（2）干扰或捕获

探测追踪到无人机后，需要对无人机进行反制。在军用领域可以采用击毁的反制措施，如防空武器击毁、激光击毁、接管控制坠毁等。在民用领域，直接击毁无人机会产生诸多问题，因此大多倾向于使用干扰或捕获这样的较温和方式。民用无人机防干扰能力弱，控制信号受干扰后会启动失控返航或降落功能，这样既可以起到驱离无人机的作用，也可以避免暴力毁伤带来的人员损伤或财产损失。除了信号干扰和压制（见图6-12）外，还可采用捕获无人机的方式（见图6-13）。使用信号压制接管无人机的控制权是一种有效的捕获方式，转换控制权的无人机依然能够安全飞行，产生的附带损坏较小。也可以采用捕捉网等方式进行"硬"捕获，使用专用枪械或无人机在地面或空中发射捕捉网，用捕捉网对侵入的无人机进行缠绕捕获。如俄罗斯Sky‑Wall 100肩扛式反无人机装备能够发射网状捕捉器捕获入侵的无人机，并附带有降落伞，能够让被捕捉的无人机安全着陆。

a) 反无人机枪

b) 信号压制设备

图 6-12　无人机干扰设备和压制设备

图 6-13　反无人机的无人机及其搭载的捕捉网发射器

　　当然，面对复杂多变的无人机侵入情况，声、光、电、扰、压、捕等各种功能组合使用，搭配机动性强的载具，形成综合的反无人机平台（见图6-14），也是当前反无人机用户的需求。无人机强国之一的以色列就开发有"无人机穹"反无人机系统，无人机穹安装了MEOS光电传感器、RPS－42战术空中监视雷达以及一个C－Guard宽屏信号干扰器，可以探测无人机并对其定位系统进行干扰。

图6-14　天网车载"网电"复合反无人机平台

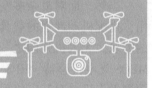

模块3 | 飞行能力训练

导学：飞行能力是无人机驾驶员驾驶无人机飞行的能力，无人机可以由手动（遥控器）驾驶，也可以由地面站通过数据链驾驶。本模块主要介绍手动（遥控器）驾驶多旋翼无人机的方法，无人直升机的训练方法也可参照本模块。地面站驾驶无人机包含较多的应用知识，将在模块4中介绍。在目前和可预见的未来，无人机的手动驾驶仍然是无人机应用的最基本保障技能，本模块介绍了如何通过有效的训练方法来高效率地掌握手动（遥控器）驾驶多旋翼无人机的能力。

单元7　飞行模拟器训练

教学视频

7.1　飞行模拟器介绍

合格的飞行能力首先要求无人机驾驶员掌握手动驾驶多旋翼无人机的能力，即使用遥控器驾驶无人机的能力，也就是我们通常所认为的会"飞"无人机。合格的手动驾驶无人机的能力主要通过模拟器训练和实机训练相结合的方式获得，先通过模拟器训练掌握一定的飞行驾驶能力，达到进行实机训练的标准，进入模拟器和实机配合训练阶段，直至能够驾驶规定重量的多旋翼无人机在规定飞行模式下完成规定动作。多旋翼无人机规定考核动作在模块1无人机驾驶训练目标中已有叙述，分别为起飞悬停、慢速360°、水平8字和定点降落四个动作。下面我们对飞行模拟器做一些介绍。

1. 飞行模拟软件选择

（1）飞行模拟训练的必要性

从广义上来说，飞行模拟器（Flight Simulator）就是用来模拟飞行器飞行的设备和软件，如模拟飞机、导弹、卫星、宇宙飞船等飞行的装置，都可称之为飞行模拟器。它是能够复现飞行器及空中环境并能够进行操作的模拟装置。从狭义上来说，飞行模拟器就是用来模拟飞机飞行和操纵的装置。飞行模拟器在有人机和无人机的驾驶员培养中均有普遍采用，并对模拟器训练小时数有相应规定。使用模拟器训练具有以下三个突出优点：

1）低成本。使用模拟软件和模拟设备代替真实飞机进行飞行训练，成本优势显而易见。普通无人机飞行模拟软件和设备的购买成本几十元到一两百元不等，只相当于一个无人机电池的价格，安装在个人计算机上即可使用，训练过程几乎不产生设备维护、维修和损毁费用。相比于采购价格几千至几万元的实机和飞行训练中可能产生的电池、维保损耗，模拟器训练相当廉价。

2）高效率。使用飞行模拟器的另一大优势是训练效率高，普通的无人机飞行模拟器只要在有个人计算机的地方连接上模拟设备和模拟软件就能使用。使用实机训练，需要考虑场地、天气、光线、飞行设备状态、能源（如电池）支持等因素。根据训练实践统计，使用模拟器训练 1h 可以保障 30～40min 的有效训练时间，即使用模拟器训练 1h 训练时间可达到30～40min。使用实机训练 1h 只能保障 10～15min 的训练时间，即使用实机训练平均 1h 只有 10～15min 用在了飞行练习上，大量的时间被天气干扰、充电、转场、排队、维护、管理设备等工作占用。

3）低风险。刚接触飞行训练的新手，飞行技能不熟练，心理素质不过关，应急能力也较差，直接使用实机进行训练，飞行风险较高。飞行模拟器使用软件模拟飞行，不会对驾驶员和他人造成物理伤害，在室内进行练习也不会有风、热、雨、寒等天气影响。在飞行模拟器上可以获得初级驾驶技能和建立驾驶信心，能够平稳过渡到实机训练，大大降低飞行风险。

当然，飞行模拟训练也有一些缺点，再好的模拟器也不能完全模拟真实操控和飞行环境，模拟遥控器配合模拟软件的操作感受可能与实机有差异，模拟练习有一定难度且是简单动作的重复，可能产生一个练习疲劳阶段。但瑕不掩瑜，模拟器训练仍旧是必要的，因此掌握必要的飞行模拟器训练方法，可以充分发挥模拟训练低成本、高效率、低风险的优势，尽快过渡到模拟与实机配合训练时期，尽可能地缩短模拟训练的枯燥期。

（2）选择飞行模拟软件的考虑因素

飞行模拟器的组成一般包括可供操作的硬件部分和模拟飞行状态的软件部分，飞行模拟器根据对应的驾驶训练要求配置。有人机模拟训练（见图 7-1）会使用仿真程度很高的飞行模拟器，模拟器从外观到内部几乎和实机完全一致，最大限度地模拟真实飞行工作场景和飞行状态，其相对应的建设成本也较高。无人机的模拟器也要求尽可能地还原真实飞行场景，但无人机在结构和操控的复杂程度上要远远低于有人机，也不存在驾驶舱，所以在模拟器建设成本上要远远低于有人机，这对无人机广泛开展模拟训练十分有利。

多旋翼无人机的飞行模拟软件十分丰富，一般安装在个人计算机上即可使用，也有安装于移动设备的飞行模拟软件或飞行教程。常见的安装在个人计算机上的无人机飞行模拟软件有凤凰模拟器（PhoenixRC）、ReflexXTR、AeroFly、RealFlight 等通用模拟软件，也有满足专用训练要求的专用模拟软件，如穿越机飞行模拟软件等。飞手可以根据自己的技术需求和喜好进行飞行模拟软件的选用。消费级无人机企业在出售无人机时一般也会附带飞行教程，但大部分只能提供最初级的驾驶指引，部分消费级无人机企业也开发了兼容自己产品遥控器的飞行模拟软件，其功能与常用的飞行模拟软件相似。安装在移动端的飞行模拟软件种类众多，趣味性较强，但使用手机或平板作为操作平台，不能模拟遥控器驾驶状态，不建议在飞行训练阶段使用。

飞行模拟软件的选择主要考虑对象机型、模拟画面、模拟效果、易用程度等因素。

图7-1　战斗机模拟器体验

1）对象机型：飞行模拟软件首先要能够匹配飞行训练对象机型，固定翼使用固定翼机型训练，无人直升机使用直升机机型训练，多旋翼使用多旋翼机型训练，其他机型可选择相近的模拟机型进行训练。需要说明的是，无人直升机的模拟训练操作要领与多旋翼无人机基本一致，多旋翼无人机平台本身飞行平稳性高，模拟软件中的多旋翼无人机模型参数更加完美，导致多旋翼无人机模型即使不进行操纵飞行也比较稳定，使训练效果大打折扣，因此有不少训练机构使用难度较高的无人直升机模型来代替多旋翼无人机模型进行多旋翼类别的飞行模拟训练。实际上，无人直升机类别的驾驶员是可以兼飞多旋翼类别的无人机的，故提高训练标准，使用直升机模型代替多旋翼模型完全符合训练要求。

2）模拟画面：模拟画面是模拟软件提供的飞行器模型和飞行场景，飞行器模型要准确、精细，飞行场景画面清晰度和配色合理，音效还原度高，有利于提高飞行训练体验。模拟画面并非越"漂亮"越好，高质量的画面会使模拟软件过大，运行所需的硬件资源过多，需要高配置的计算机才能"带动"，否则会影响使用体验。用于训练的模拟画面需要有明显的飞行参照物，以便在训练过程中判断飞行训练的效果，如进行悬停训练时需要有固定的点状参照物，用以判断悬停的偏移量；机型航线飞行时，需要有多个参照物串联成某种形状的航线。

3）模拟效果：模拟效果是选择模拟软件最优先考虑的因素，前述对象机型和模拟画面会影响模拟效果，除此以外，使用模拟器操纵模拟软件飞行器时的手感是否与实机飞行时的手感接近是衡量模拟效果的最主要指标。不同机型的操纵手感受无人机的飞行性能和重量影响较大，微轻型无人机对操纵响应迅速，大中型无人机对操纵响应缓慢（见图7-2），应选择与训练实机操纵手感相近的模拟软件和机型。模拟软件应当可以设置风速、风向等自然界最常见的环境要素，在实机训练和应用中无风的状态较少出现。

4）易用程度：模拟软件大多需要进行与模拟遥控器的匹配设置、飞行场景的参数设置和飞行器的参数设置，选择模拟软件时应当选择易看懂、易设置的类型，以免消耗大量时间在学习模拟软件的使用和调试上面，过多消耗学习热情。

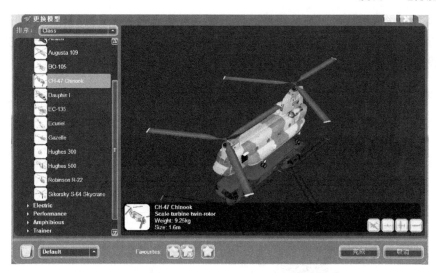

图7-2　重型直升机操作手感与实机差异较大，不适合用于模拟训练

其他因素：除以上因素外，一些其他因素在选择模拟软件时也需加入考虑，如模拟软件的大小，过大的模拟软件不利于安装，对硬件配置要求往往也较高；再如模拟软件的兼容性，模拟软件应当与安装的硬件和操作系统兼容，并尽可能多地适配模拟遥控器，以免不能使用或在使用中频繁出错。

（3）几种常见的模拟软件介绍

1）凤凰模拟器。凤凰模拟器（PhoenixRC）是广大航模爱好者和无人机爱好者最常用的飞行模拟软件之一，其模拟效果优良，模拟画面精细、舒适，对象机型丰富且可进行参数的调整，使用设置也较为简单，安装方便且模拟遥控器的适配度较高，是一款各项性能指标较为平衡的优秀模拟软件，如图7-3所示。

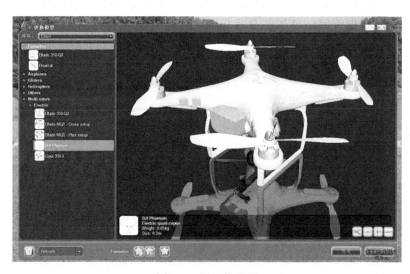

图7-3　凤凰模拟器

2）AeroFly。AeroFly（见图7-4）是一款强大的飞行软件，场景制作精美、逼真，飞行器模型精细、气动外形真实，可选择的场景和飞行器种类多，可调节的气象要素丰富，可显

示的操纵画面和飞行参数可以灵活搭配，支持第一视角飞行。AeroFly 是一款堪比顶级游戏的模拟软件，可玩性较强。强大的功能和精美的画面也导致软件对硬件配置要求较高，各种飞行参数设置也较繁琐，不利于初学者的快速上手。

图 7-4　AeroFly 模拟器精美的飞行场景和飞行器模型

3）ReflexXTR。相比前两款模拟软件来说，ReflexXTR 模拟软件在模拟画面和飞行器模型细节上略逊一筹，但 ReflexXTR 简单易用的特点也十分明显。ReflexXTR 软件的大小不超过 1.5G，对安装设备的硬件要求低；采用中文界面，有利于初学者了解模拟软件的各种参数设置要求。模拟遥控器的连接与调试相对简单，在进行有效的通道分配的情况下，只需要校正中立位置一个操作即可使用。ReflexXTR 较多地考虑了训练需求，有专用的飞行训练场景和练习步骤可供选择（见图 7-5）。ReflexXTR 模拟软件使用较差的画面体验以换取方便的操作体验，注重飞行训练而牺牲了部分娱乐性，适合初学者需要快速掌握基本飞行技能的需求。

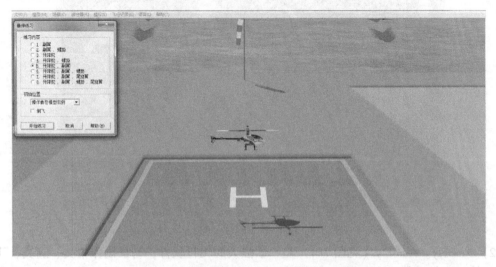

图 7-5　ReflexXTR 模拟软件推荐的练习步骤

2. 飞行模拟遥控器的设置

(1) 模拟遥控器的选择

安装于计算机端的模拟软件需要搭配模拟遥控器进行使用，模拟遥控器的形式需要与实际操作的遥控器形式相匹配。遥控器包括发射机部分和接收机部分，发射机一般在驾驶员手中用于操纵飞行器，习惯上也将发射机部分称为遥控器。遥控器有不同的形式（见图7-6），车船用遥控器一般使用形似手枪的枪控，微轻型航模/无人机主要使用左右摇杆对称分布的板控，大中型无人机也有使用与有人机相似的操作摇杆。在下面的飞行训练中，我们主要使用微轻型航模/无人机使用较多的板控。

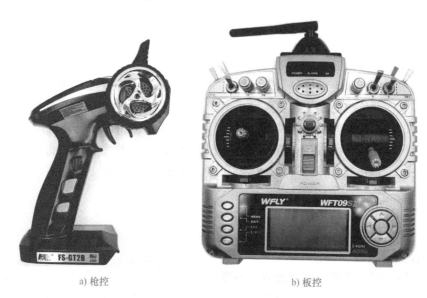

a) 枪控   b) 板控

图 7-6   FS–GT2B 枪控和 WFT09 板控

用于模拟的遥控器，既可以配置专门的模拟遥控器，也可以购买专用插口后连接普通遥控器使用（见图7-7）。专门的模拟遥控器优点是价格便宜，几百元即可采购到，可以由计算机 USB 口直接供电，无需另外配置电池，缺点是不能用于控制实机，如需飞实机则需再购买航模遥控器，即需要配备两个遥控器。使用普通遥控器＋连接设备的组合可以连接模拟飞行软件，优点是模拟器练习和实机练习使用同一个遥控器，不会有操纵手感差异，缺点是需要购买连接线、加密狗等外接设备，普通遥控器也需要单独由电池供电，在长时间的模拟训练中需要频繁地充电。可见两者相比各有优劣，建议开展人数较多的模拟训练时，配置专门的模拟遥控器，免去充电和维护操作；个人使用或开展人数较少的模拟训练时，采用普通遥控器＋连接设备的组合，以提高模拟训练和实机操作的一致性。

目前，主流制式遥控器为 2.4GHz 调频模拟遥控器，可用频段宽、信号直线性和绕射性好，传输距离几百米到几千米不等，能够满足普通娱乐和训练需求。市场上适用于航模/无人机的遥控器的种类十分丰富，可以提供给我们多样化的选择，国内外较知名的遥控器品牌有富斯（FlySky）、天地飞（WFLY）、乐迪、华科尔、睿斯凯（FrSky）、Microzone、Futaba、JR、Graupner、SPEKTRUM、Hitec、SANWA 等，部分无人机飞行平台供应商也会提供适应其产品的遥控器。遥控器的选择主要考虑价格、性能、功能、外观等因素。价格越高的遥控

图 7-7　富斯 SM600 模拟遥控器（左）和连接了模拟加密狗的天地飞 7 普通遥控器（右）

器，其性能、功能等一般也越优异，因此价格是选择遥控器的最主要因素，不同档次的遥控器价位差别很大，低价位的遥控器在人民币 500 元以下，高价位的遥控器价格可达到人民币几万元。飞行训练阶段推荐使用人民币 1000 元以下的遥控器，以降低建设成本，之后可选择人民币 2000～5000 元价位的遥控器。除价格及由价格影响的性能、功能等因素外，不少爱好者也会关注编程功能、界面语言、代码开源、固件更新、外观、重量等影响遥控器使用的因素。

专用的模拟遥控器在结构和原理上要比实机用遥控器简单很多，相当于一个游戏手柄，选择能够与使用的模拟软件相匹配，廉价易用即可。

（2）遥控器的通道

在区分遥控器时，常常使用七通道遥控器、十通道遥控器这样的名称，通道（Channel）是遥控器重要的功能指标，遥控器通常会将通道数量标注在型号上，如天地飞 7 表示该遥控器为七通道遥控器，乐迪 AT10 表示该遥控器为十通道遥控器。遥控器的通道知识与飞行模拟软件的调试、实机的操纵、无人机的组装与维护、无人机功能的学习等重要内容有密切联系，因此有必要对其进行详细学习。

遥控器发射机的通道可以通过默认或调试的方式与接收机的通道对应，接收机的通道有信号传输插口，每个信号传输插口可以通过信号线或内部集成的方式与外部的设备连接，这样通过操作发射机的"开关"就可以对接收机发出信号，从而控制无人机的飞行姿态和任务设备，这样的开关可以是摇杆、拨钮、旋钮、按钮、滑杆等多种形式（见图 7-8）。由此可见，对通道最直观的理解就是遥控器所能实现的功能，一个通道对应一种功能，如将一个LED 灯组与一个二段拨钮形成通道对应，就能通过该拨钮实现 LED 灯组的开关。多个通道也可以设置成相互关联，形成混控，在油门保护、固定翼无人机舵面控制、智能飞行模式设置等功能的实现上常常使用混控。

微轻型航模/无人机主要使用板控，板控上最明显的通道是左右两组摇杆，每组摇杆能控制上下和左右两个通道，共有四个通道，能够对应控制多旋翼无人机的油门、副翼、俯仰和航向四个基本姿态。副翼和航向是多旋翼无人机左右变化的姿态，这两个功能分别对应到摇杆的左右通道上，一般来说，左摇杆的左右通道对应航向，右摇杆的左右通道对应副翼。

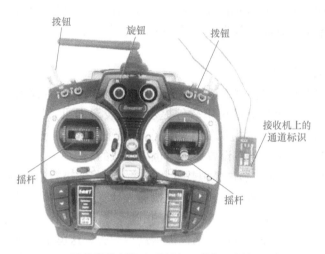

图7-8 Graupner MZ18 遥控器发射机上的旋钮、拨钮、摇杆和接收机上的通道标识

俯仰和油门是多旋翼无人机前后和上下变化的姿态，这两个功能分别对应到摇杆上下通道上，与航向与副翼只有一种习惯对应不同，俯仰和油门两种对应习惯均存在（见图7-9）。油门对应左摇杆的上下通道、俯仰对应右摇杆的上下通道称为模式2，即左手油门遥控器，业内习惯上称为"美国手"；俯仰对应左摇杆的上下通道、油门对应右摇杆的上下通道称为模式1，即右手油门遥控器，业内习惯上称为"日本手"。遥控器的油门通道大多不会回中，一般处于最小值（最低）状态，这是区分美国手和日本手最直观的标志，美国手和日本手遥控器在业内均被广泛使用，无明显的优劣之分。市场上消费级无人机大多采用油门也可回中的遥控器，能够实现美国手和日本手的灵活转换，国产消费级无人机一般使用美国手作为初始设置。除美国手和日本手摇控器外，还有欧洲手和中国手遥控器，即模式3和模式4，但业内使用很少，这里不做介绍。

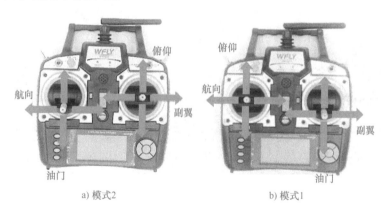

a) 模式2   b) 模式1

图7-9 模式2和模式1摇杆通道示意图

油门、副翼、俯仰和航向是无人机的四个基本姿态，绝大多数无人机都需要这四个姿态控制，仅在表述姿态的名称上可能稍有不同，因此遥控器和模拟软件普遍将前四个通道（CH1、CH2、CH3、CH4）分配给这四个姿态，但具体哪个姿态对应哪个通道，遥控器和模拟软件有不同的默认设置。例如，天地飞遥控器默认CH1对应副翼、CH2对应俯仰、CH3

对应油门、CH4 对应航向，而 Graupner 遥控器默认 CH1 对应油门、CH2 对应副翼、CH3 对应俯仰、CH4 对应航向。在将遥控器与无人机系统或模拟器软件进行连接时应当注意通道的差别。

（3）模拟遥控器的设置

选择好模拟遥控器并对遥控器通道知识有了充分了解后，设置模拟遥控器和模拟软件就会变得相对容易，只需按照选择的模拟软件提示进行设置即可。这里以天地飞 7（右手油门）+连接设备+凤凰 5.0 版本模拟软件的组合为例，说明模拟遥控器和模拟软件的连接设置方法，其他类型的模拟软件在设置原理上也是相似的。

1）遥控器设置：要使遥控器与模拟软件相连接，首先要进行遥控器设置。将 USB 端口的连接设备通过连接线与遥控器相连，USB 端口插入计算机端，可选择将天地飞 7 遥控器设置成模拟器模式，这样可以关闭信号发射，节约电量。打开凤凰模拟软件，设置好连接设备使其对应凤凰模拟软件后，按照软件对话框提示进行设置。这里主要介绍遥控器准备、遥控器校准、遥控器通道分配三个步骤，其他步骤相对简单，可按照提示完成。

① 遥控器准备：如图 7-10 所示，打开遥控器，为凤凰模拟器准备一个新的、空白的模型，将遥控器设定为 PPM 调制模式，有直升机模式的遥控器可以将遥控器设定为直升机模式，但需要关闭十字盘/CCPM 混控功能，也可以使用固定翼模式，其他参数设为默认。完成后单击下一步按钮。

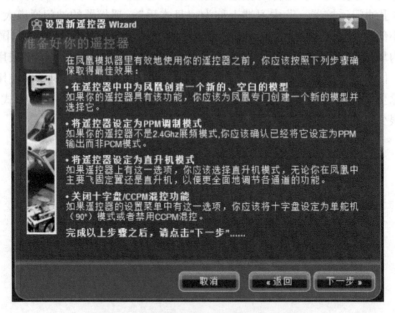

图 7-10　凤凰模拟软件遥控器准备对话框

② 遥控器校准：主要包括将遥控器置于中立位置和行程设置两个步骤，如图 7-11 所示。将遥控器置于中立位置是指将遥控器的摇杆、拨钮、旋钮等通道控制及其他有中间位置的开关置于中间位置，以告诉模拟软件遥控器各开关的中间位置。摇杆行程设置是指拨动遥控器摇杆到达最大行程和最小行程，可随机反复操作，也可以反复做圆周运动，以告诉模拟软件遥控器各开关的行程上下限，完成后单击下一步按钮。摇杆行程设置的下一步是其他拨钮、旋钮等行程设置，操作类似于摇杆行程设置，完成后单击下一步按钮。两步操作完成后

会出现所有开关行程检查页面，如有问题应当排除后再重新设置，如无问题则可单击完成按钮。

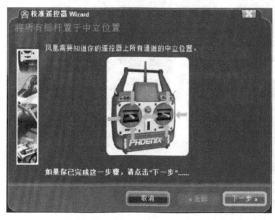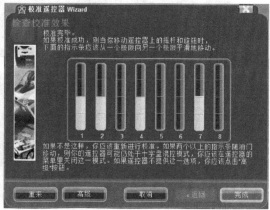

　　　　　a) 摇杆中立设置　　　　　　　　　　　　　　　b) 最大行程设置

图 7-11　凤凰模拟软件摇杆中立设置和最大行程设置对话框

　　③ 遥控器通道分配：将遥控器通道分配给对应的无人机功能，以实现遥控器开关对无人机姿态或动作的控制，如图 7-12 所示。依次需要进行引擎、桨距、方向舵、升降舵、副翼舵、起落架、襟翼的通道设置，根据所使用遥控器的通道分配情况，在出现提示对话框时按正确的方向拨动相应的摇杆或拨钮即可完成设置，进入下一步设置。若无须设置桨距、起落架和襟翼，则单击跳过（Skip）按钮即可。

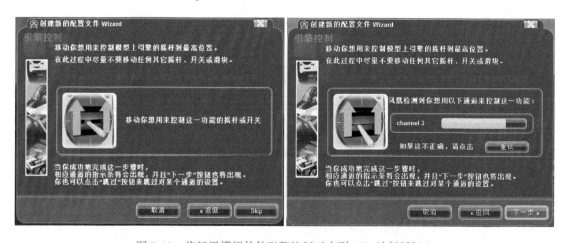

图 7-12　将凤凰模拟软件引擎控制对应到 CH3 油门摇杆上

　　2）机型选择：在选择模型菜单中有更换模型选项，可以根据训练需求，选择模型类型，如图 7-13 所示。对于多旋翼无人机驾驶技能的训练，可以选择多旋翼机型，也可选择无人直升机机型。无论哪种机型，都需要与用于训练的实机操作手感相近，编辑模型能对所选模型做参数上的微调，适应更多练习需求。

　　3）场景选择：凤凰模拟软件提供了较丰富的飞行场景，有机场、草地、高原、冰原、湖泊、夜间和 3D 场景，可以按个人喜好选择。但对于飞行训练来说，需要有地表参照物来

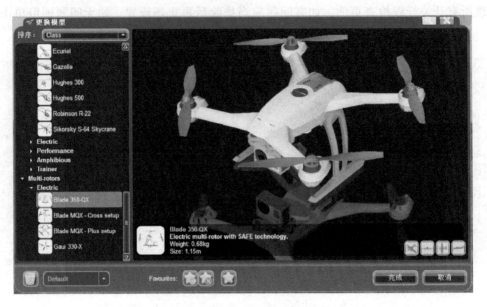

图 7-13　更换模型为多旋翼无人机

判断飞行质量的好坏，因此需要打开场地布局菜单，选择目标降落或精准降落标签，在飞行场景上形成明显的飞行参照点（见图 7-14）。为使训练场景更加真实，建议打开场地天气功能，设置或选择微风或以下等级的风速，毕竟实飞中完全静风的状态是很少的。

图 7-14　打开目标降落标签后形成的训练参照点

完成设置后，使用模拟遥控器操纵无人机模型进行试飞，检查通道对应、通道正反、通道行程等是否正确，场景画质、模型性能、场景舒适度、软件运行流畅程度等是否能满足训练需求。如果一切正常，即可制定训练计划，进行驾驶技能的模拟训练。

7.2　模拟训练流程

对于没有飞行经验的无人机驾驶员，初期的模拟器训练是一个枯燥乏味但又必须经历的过程。进入中后期后，驾驶员会认识到模拟器对飞行技能的重要作用，产生较强的练习动力。因此，需要制定高效的飞行模拟训练方法，帮助新手尽快度过初期模拟训练的枯燥阶段，进入实机和模拟器配合训练的阶段，驾驶员的练习动力随之会有大幅提升，训练进度将得到保证。根据教学和工作实践，下面推荐一组飞行模拟训练流程。本飞行模拟训练流程主要分为模拟设备的调试和自由飞行、对尾起降训练、方向训练和航线训练四个阶段。

（1）模拟设备的调试和自由飞行

开展模拟飞行训练首先要完成模拟软件的连接和模拟设备的调试，开展全通道的自由飞行体验。自由飞行体验要达到的目的是让驾驶员体会和分辨遥控器的摇杆（通道）和无人机姿态操纵的对应关系，为下一步进行分步骤训练做好准备。同时，自由飞行体验也有利于培养驾驶员的驾驶兴趣和让驾驶员了解无人机驾驶的难度。

（2）对尾起降训练

通过自由飞行训练摸清模拟设备的使用和通道对应的关系后，要开始带有强烈目的性的训练，首先要在模拟训练中掌握对尾起降技能。对尾起降就是驾驶员站在无人机的后方操纵无人机做定点的起飞、悬停和降落。

对尾起降训练可以通过全通道（四通道）直接练习，但这里更加推荐循序渐进的练习流程，即通过单通道对尾悬停训练、双通道对尾悬停训练、全通道对尾悬停训练和全通道定点垂直降落四个分解步骤来训练。从训练步骤可以看出，模拟训练的基本动作之一是悬停，通过遥控器的不断修正，控制无人机在某个位置偏离不超过一个机身位。模拟飞行和实机飞行是有高度匹配性的，悬停和达成悬停的修正动作也是实机飞行的基本技能，在飞行中几乎无时无刻不在修正无人机使其"悬停"。例如，飞行过程中需要保证稳定的航线就需要不断微调和修正无人机姿态，无人机降落是在悬停的情况下垂直缓慢下降的。

在模拟器中达成本项训练目标后，应当尽快开始实机的对尾起降训练，进入模拟和实机配合训练阶段，能有效防止长时间的模拟训练消耗学习热情，这一点对飞行模拟训练来说至关重要。

（3）方向训练

对尾飞行能力仅仅使驾驶员能够在无人机后方驾驶无人机，显然这是不够的，无人机在空中的姿态是多样的，航向改变后，让驾驶员始终保持在无人机的后方几乎是不可能的。飞行过程中驾驶员需要熟练掌握对尾、对头、左向、右向（见图7-15）各个方向的飞行能力，因此需要进行方向训练。

在模拟训练中，同样通过悬停训练来掌握不同方向的控制技能，首先练习对头悬停、左向悬停和右向悬停，可以直接通过全通道训练，也可以通过单通道或双通道分解训练动作后再进行全通道训练。其次，练习八面悬停，分别在0°（360°）、45°、90°、135°、180°、225°、270°和315°八个位置上进行连续不断的悬停训练，偏离不超过一个机身位。最后练习慢速水平360°来掌握方向即时转换的无人机驾驶能力。

方向训练是无人机飞行训练中难度较高的环节，只有在模拟器练习中做到基本功扎实，并配合实机反复训练，方能掌握。模拟和实机飞行训练推荐流程图如图7-16所示。

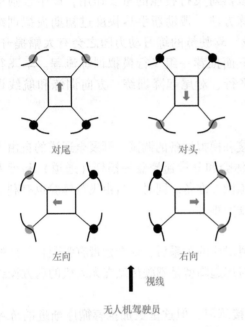

图7-15　无人机方向训练：对尾、对头、
　　　　左向、右向示意图

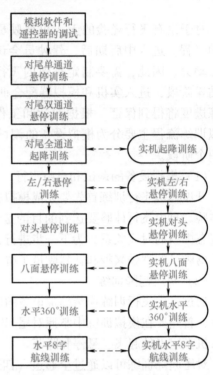

图7-16　模拟和实机飞行训练推荐流程图

（4）航线训练

完成基本的方向训练后，可以开展航线训练，航线训练要求驾驶员驾驶无人机按一定线路完成连续运动，多旋翼无人机执照要求的航线为水平8字，其示意图在模块1中已有展示。水平8字航线训练可以通过顺时针水平圆形航线、逆时针水平圆形航线和水平8字航线的练习步骤来完成。航线训练的要点是维持高度、航速与航向的协调配合，副翼适当修正。

单元8　实机训练

8.1　训练机型的选择

按照推荐的飞行训练流程，驾驶员在掌握模拟飞行训练中的对尾全通道起降训练后，可以开始实机协同训练。实机训练需要选择训练用多旋翼无人机，多旋翼无人机种类多样，而哪些种类比较适合飞行训练，则需要做一些探索。多旋翼无人机实机飞行训练主要考虑安全、训练效率、经济性等因素，具体来说可以从以下角度考虑：

（1）重量

按照《民用无人机驾驶员管理规定》的要求，无人机驾驶执照管理与无人机重量（起飞重量或空机重量）有密切的关系，低分类等级执照的驾驶员不能驾驶对应高等级的无人机。目前民用多旋翼无人机以微轻型为主，起飞全重大多在几千克到十几千克，部分可以达到 20～30kg 或以上。为让飞行训练能够覆盖尽可能多的机型，训练用多旋翼无人机需要达到一定的重量，综合考虑驾驶员管理要求和民用实际需求，训练用多旋翼无人机起飞全重最终应以大于 7kg 为宜，推荐使用六轴或八轴多旋翼无人机（见图 8-1）。

图 8-1 驾驶执照的申请对无人机重量有要求

（2）大小

如使用六轴或八轴多旋翼无人机作为训练用机，则轴距可以达到 1m 左右，桨叶尺寸也较大，对于完全没有接触过飞行的训练者来说有较大的心理压力和安全风险。因此在使用六轴或八轴级别的多旋翼无人机进行飞行训练时，应当先使用微型机过渡。推荐使用四轴四旋翼、轴距 450～550mm、起飞全重在 1000～1500g 的微型多旋翼无人机作为训练过渡机型，开展初级飞行训练。掌握微型无人机驾驶技能后，再进行更大、更重的轻型无人机飞行训练。这里不推荐使用重量太轻的超微型无人机进行飞行训练，以免向轻型无人机过渡时产生较大的操纵差异，影响飞行训练效果。

（3）飞行模式

常见的无人机飞行模式有三种：一是飞控完全不介入的手动模式；二是只有飞控内回路参与的增稳模式，也可被称为姿态模式；三是飞控内回路和定位系统均参与的 GPS 模式，也可被称为定点模式。大部分作业的飞行场景是在 GPS 模式下进行的，但这并不意味着飞行训练均要采用 GPS 模式。GPS 模式下的无人机稳定度很高，训练难度过低，不能让驾驶员获得完全的飞行技能。相比之下手动模式又难度过高，难以掌握且作业中采用较少。姿态模式难易度适中，是飞行训练中常用的模式。因此选择训练用多旋翼无人机时应当选择有姿态模式的机型，这也符合超视距飞行对飞行训练的要求。目前市场上绝大部分无人机或飞控都支持增稳模式和 GPS 模式。

（4）可维护性

飞行训练用多旋翼无人机大多是给飞行技能不熟练的人员使用的，操作规程失误和飞行训练失误不可避免，容易对飞机硬件造成损伤。因此飞行训练用多旋翼无人机应当具备较好的可维护性，保养和检修简单，损坏部件价格便宜且更换灵活。可维护性高的训练用无人机能够大大提高飞行效率，降低训练成本。从这个角度考虑，廉价的组装机比集成程度高的商品机更有优势。当然组装机也有可靠程度低的缺点，但飞行训练用多旋翼无人机飞行高度很低、距离很近，可靠性的需求低于可维护性，组装机在性能上能够满足需要。

（5）经济性

在考虑可维护性时，已经部分考虑了硬件修复或更换的经济性，除此以外，还要考虑耗材的经济性，多旋翼无人机最主要的耗材就是动力电池。目前即使是质量最优良的锂聚合物动力电池，在100～200个充电循环后也会产生损坏或性能的明显下降，需要进行更换。飞行训练充放电频繁，动力电池的更换是一笔客观的耗材费用（见图8-2），因此选择合适性价比的电池十分必要。除电池外，电动机、电调等设备也有一定的工作寿命，螺旋桨、连接线等也较易毁坏，也需考虑使用的经济性。

图8-2　大疆多旋翼无人机智能电池性能优异但价格较高，用于训练成本难以控制

（6）续航时间

训练用多旋翼无人机需要一定的单次续航时间，单次续航时间过短会导致频繁更换电池，不利于连续、完整地练习飞行动作，因此建议配置较大容量的动力电池，配合重量合适的多旋翼无人机，保证单次飞行时间在15min以上。同时也要考虑配置数量足够的动力电池，满足一次出动训练所需，避免因等待充电而浪费宝贵的训练时间。

综合考虑各种因素，结合训练实践经验，进行多旋翼无人机初级实机训练时建议使用装备大疆NAZA-lite飞控、450～550mm轴距、起飞全重不超过1.5kg的微型四旋翼组装无人机（见图8-3），配置动力电池容量不低于4000mA·h。通过初级训练后，需要考取飞行执照的，要进行轻型多旋翼无人机飞行训练，建议选择起飞全重大于7kg的六轴或八轴多旋翼无人机，轻型级别的无人机可选择商品机也可选择组装机，部分工业级机型性价比高，也可用于飞行训练。需要进行应用飞行训练时，建议选择起飞全重不超过1.5kg的消费级航拍无人机，通过可见光相机的航拍训练来掌握基本的应用技能。

图 8-3　推荐使用微型四旋翼无人机进行初级飞行训练

8.2　实机训练流程

模拟器训练服务于实机训练，所以实机训练流程和模拟飞行训练的飞行动作一致，均以达成慢速水平 360°和水平 8 字为基本目标。但实机训练使用无人机代替模拟器，与模拟飞行训练会有部分不同，实机训练一般选用轻、微型多旋翼无人机，实机训练推荐流程列举如下。

（1）飞行训练场地的准备

多旋翼无人机飞行训练场地可以选择面积足够的室内场地或室外场地。室内场地不受天气条件限制，但需投入一定的基建费用，也可以利用已有篮球馆、羽毛球馆等进行训练位划分和围网建设后作为训练场地。室外场地使训练环境接近工作环境，可以选择人群活动较少的开阔低矮草坪设置防护网、训练位和警戒线后使用（见图 8-4），室外场地受天气影响大，训练过程更易受人为干扰。单个训练场地推荐为不小于长 18 米×宽 14 米的矩形。在训练场地进行飞行训练时，应严格控制飞行高度，不超过场地顶部，如确有中高空飞行的训练需要，可以申请临时空域（见图 8-5）。

图 8-4　相对封闭的草地可以建设成良好的室外训练场

图 8-5　有较高要求的训练需求时可以使用专业的飞行训练场

（2）飞行前检查

飞行前检查是发现设备已显现或潜在问题的主要手段之一，另外的主要手段是通过在飞行任务过程中的异常来发现和记录问题以及偶然的发现问题。很显然，在飞行任务之前通过程序化的飞行前检查发现和解决问题是预防飞行风险的最有效途径，有人机的飞行中也设置了严谨的飞行器检查环节。停于地面的飞机上常常挂有一些红色的丝带（见图 8-6），这些丝带就是用来标识在飞行前必须要检查的位置。

图 8-6　我国空警 500 预警机，机上的红色标记带标记一定需要进行飞行前检查的位置

飞行训练开始前需要对训练用无人机设备进行检查。地面状态检查项目可以是设备外观检查、遥控器和飞行器电量检查、连接部位紧固性检查、通信链路通畅性检查、桨叶检查、

遥控器操纵杆（钮）检查、伺服器检查、指示灯检查等，飞行前检查中发现的部分常见问题如图8-7所示。必要情况下也需要进行飞行状态检查，通过低空试飞来了解无人机各项性能是否正常，检查项目可以是飞行的稳定性、对控制动作的响应能力、各系统的运转状态等。检查的程序和结果可以形成制度化的表格，在检查的过程中进行填写。

a) 桨叶磨损或开裂

b) 电动机进入异物

c) 紧固件脱落

d) 配件脱落

e) 机架裂纹

f) 通信/通电线路松动

图8-7　飞行前检查中发现的部分常见问题

（3）飞行训练

实机飞行训练的动作与模拟器一致，所以实机飞行训练动作设置也为对尾起降训练、方向训练、航线训练，对应的飞行动作为能够任意方向定点悬停、平稳垂直起降、慢速水平360°、水平8字。

（4）实机和模拟配合训练

实机训练要求和模拟训练紧密配合，形成循环反复训练至合格。新动作训练开始后，先进行模拟训练，模拟训练若合格，则进行实机训练，模拟训练不合格应不断加强训练至合格，有必要的情况下可以退回单/双通道模式进行回顾性训练。实机训练时，应及时总结训练问题，通过模拟训练，应加强不足或纠正失误。训练合格后进入下一个训练动作，按照同样的流程进行训练。模拟和实机配合训练循环图如图8-8所示。

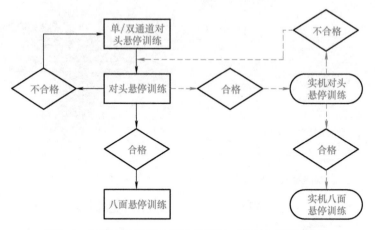

图8-8　模拟和实机配合训练循环图（以对头训练为例）

（5）飞行记录

在模拟练习、实机练习、执行飞行任务后都需要填写飞行记录（见图8-9），飞行记录可以记录飞行小时数、飞行活动内容和飞行心得，同时也可以记录飞行活动日期、时刻、天气、机型、其他情况等。填写飞行记录有助于统计个人的飞行经历、积累飞行经验，在飞行训练阶段有助于及时总结飞行训练得失，对提高飞行效率有十分显著的作用。

图8-9　用于记载飞行经历的中国民航飞行经历记录本

实际上，填写飞行记录、统计飞行小时是飞机驾驶员的普遍行为，无论是军用还是民用、有人机还是无人机，均有使用飞行小时数衡量驾驶员飞行经验的习惯。如我国民用航空局飞行标准司颁布的《进入副驾驶训练人员的资格要求》中就有诸多类似于"对于拟在组类Ⅰ飞机上担任副驾驶的驾驶员，总驾驶员时间不得少于250小时…"这样的对飞行小时数的规定。无人机驾驶训练中也沿用了此项方法。

有人机飞行情况复杂、飞行单价昂贵，飞行小时数的积累十分不易。我国南部战区某航空兵特级飞行员王文常服役期间安全飞行5000h，创造了一个我国空军的新纪录，在世界范围内都极其罕见。世界大多数飞行员的服役生涯中，能飞2000h就已经很不容易了，这需要近20年的飞行生涯才能累计到。无人机的飞行经历相对较易获得，与有人机类似，无人机的飞行经历也包括模拟器飞行训练和实机飞行训练。

《民用无人机驾驶员管理规定》对合格的驾驶员有飞行经历的要求，如附件1《颁发无人机驾驶员执照与等级的条件》对超视距等级民用无人机驾驶员的飞行经历要求：超视距等级驾驶员执照的申请人应当具有操纵有动力的无人机至少56小时的飞行经历时间，其中包括由授权教员提供不少于15小时带飞训练、不少于5小时单飞训练、计入驾驶员飞行经历的飞行模拟训练时间不多于28小时。

无人机驾驶训练的飞行记录可以使用中国民航飞行经历记录本，也可以使用简化的表格，见表8-1。

表8-1 民用无人机驾驶员飞行经历记录表（样例）

个人信息							
姓名			身份证明编号				
申请执照或登记相关信息							
驾驶员等级			分类等级：		类别等级：		
序号	飞行器型号	起飞时刻	降落时刻	飞行时长	实践项目（模拟/带飞/单飞）	飞行地点	授权教员
1							
2							
3							

（6）飞行讲评

在飞行训练的间隙或飞行训练结束后，可以进行飞行讲评，飞行讲评可以由飞行训练教官完成，也可以由飞行训练的学员完成。讲评内容可以是本次飞行训练的心得体会，也可以是飞行训练中遇到的疑问困难（既可以是飞行驾驶问题，也可以是飞行系统问题），既可以是讨论形式的，也可以是讲评或汇报形式的。总之，飞行讲评是通过交流的方式来促进飞行训练和飞行理论知识的学习，同时也可以锻炼学员的思维能力和语言表达能力，这对培养学员无人机项目管理能力也有裨益。

（7）飞行后维护

飞行训练结束后，应正确关闭或收纳训练用具和设备，妥善保存有安全风险的用具和设备，及时对有问题的用具和设备进行检修，飞行器达到维护小时数后要进行定期维护。

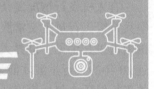

模块4 | 应用技能

导学： 理论知识的学习和飞行技能的训练最终要落实到无人机应用能力上来，使无人机为生活和工作服务，提升人民群众的生活水平。无人机的应用需要一定的训练，以便将理论知识、飞行技能和行业应用技能融合，培养出综合能力合格的无人机应用型人才。本模块设置飞行环境调查、航线规划和应用实践3个单元来进行应用型人才的综合能力培养。

单元9　飞行环境调查

9.1　飞行任务制定

在开展工作（特别是复杂工作）时，制定工作方案是十分常用的办法，工作方案有利于理清工作思路、制定工作进度、分配工作任务、评估工作困难、核算工作成本等，对工作的推进有较大的促进作用，民用无人机应用工作也可以制定相应的任务方案，即飞行任务的制定。

在有人机的民航活动中，相应飞行任务方案的制定是必要环节，比如飞行计划。有人机的飞行计划制定是一项十分专业的活动，执行航班飞行的飞机，飞行前要根据当时的气象、机场、飞机情况和有关的限制规定，计算并确定该次飞行能装载的最大客、货业载量，以及完成该次飞行所需的时间和燃油量等，向飞行管理部门报告和提交资料。无人机飞行任务的制定尚无标准的格式，本书根据应用实践和无人机管理要求，推荐无人机飞行任务应包括以下内容：

1）任务目的：描述该次飞行任务的目的，明确该次飞行任务的主要工作内容。

2）作业区域：了解飞行任务作业区域的范围和基本情况，包括下垫面情况和空域情况，包括任务范围内和毗邻区域内的情况。重点了解是否存在禁飞区域和限飞区域，是否有严重影响飞行的地形和气象。

3）空域申请：在非适飞区域开展飞行任务的，应该进行飞行空域的申请。

4）实地调查：下垫面情况和空域情况复杂的，应该进行实地情况调查。

5）任务方案：根据任务目的和飞行区域的调查情况，制定可行的任务方案，方案中重点确定飞行任务的执行方式，如手动飞行还是航线飞行、航线飞行的路径规划、近地飞行还是中低空飞行、出动频次和飞行架次等。

6）机型选择：选择适用于飞行任务的机型和设备，配置足够的动力/燃料。

7）飞行风险评估：识别风险源或飞行影响敏感点，评估飞行方案的飞行风险，制定风险发生时的应急措施。

8）保障措施：根据任务方案配置任务所需的人员、车辆、差旅等事宜。

飞行任务的制定是相对复杂的过程，要求任务制定者有比较丰富的专业知识和实践经验，而飞行训练阶段的驾驶员一般不具备这样的能力。从教学规律上来看，先易后难、实践性强的内容比较容易被学习。从应用实践上来看，小而简的飞行任务在市场上更为常见，同一飞行团队执行的飞行任务同一性也较强，比如植保作业团队大多在执行植保飞行任务而不是测绘飞行任务，为小而简的任务频繁地制定重复内容较多的复杂飞行任务方案实践性不高。因此，从学情、教学规律和应用实践角度考虑，在飞行训练阶段建议开展飞行任务制定中的飞行环境调查技能训练。

飞行环境调查是执行飞行任务时比较实用的技能。在飞行任务前对飞行区域进行一定的了解是必要的，开展飞行环境的资料调查和飞行环境现场调查，有利于了解飞行区域状况，决定飞行工作的开展方式，明晰飞行任务中的风险环节。在工作形式上可以灵活处置，对简单任务和复杂任务均可适用，对简单的飞行区域可以开展简单的飞行环境调查，对复杂的飞行区域可以开展细致的飞行环境调查，只要条件允许都应该开展飞行环境的现场调查。从技能训练的角度出发，飞行环境调查技能学习难度适中，实践环节丰富，需要学习的理论知识量也十分可观，能够满足学习需求。可见，在飞行技能训练阶段，开展飞行环境调查技能训练作为合格的应用能力培养步骤是合适的。飞行环境调查可以分为资料调查和现场调查。

9.2 飞行环境资料调查

飞行环境资料调查，主要通过查找资料的方式对飞行任务作业区域的环境进行调查，了解飞行作业区域的基本情况，其中最为主要的是影响飞行作业的情况和受飞行作业影响的情况。飞行环境资料调查有利于初步了解飞行作业区域，如果飞行任务比较简单，飞行环境资料调查就能满足飞行方案的制定。飞行作业区域的情况千差万别、不可尽数，但对调查可使用的参考资源可以做一些探究。

（1）地图

地图是飞行环境资料调查阶段的主要工具，也是可视化程度高且获取较易的资源，地图比例尺可以是1∶2000～1∶50000，能提供地图服务的单位和企业众多，其中最普遍使用的是电子地图。生活中经常使用的高德、百度、谷歌、搜狗等地图就能满足飞行环境资料调查的需要。从电子地图上，我们至少可以获取以下对飞行任务有用的信息：

1）地形。通过地形可以了解作业区域的起伏、海拔高度等信息（见图9-1）。地形起伏对飞行作业区较大的任务有明显的阻碍影响，高海拔飞行对无人机的飞行性能要求较高，狭窄的山地、大面积的湖泊等形成的小气候对飞行影响明显。

2）作业区域。使用地图能够查得作业区域位置、作业区域范围和经纬度范围等信息。作业区域位置和经纬度范围对决定飞行任务是否需要申报、申报难度和申报提供位置信息有参考意义。作业区域范围能提供作业区域的形状和面积大小信息，对制定飞行任务航线有参考意义。

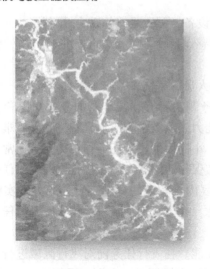 

a) 河谷地形   b) 山地地形

图 9-1   通过地图工具查看河谷地形和山地地形

3）作业区域周边情况。对作业区域临近区域情况进行了解，并初步估计地物距离（见图 9-2），可以识别受飞行影响较大的目标，如居民区、道路、工厂、交通枢纽等，也可以识别影响飞行的目标，如高层建筑、输电线路、通信基站等。这些信息的获取有利于制定低风险的作业任务方案，也有利于初步选择起降点和应急降落区域等。

图 9-2   通过地图工具初步获得的作业区域范围和周边地物信息

4）重点区域排查。机场的禁飞区域和限飞区域较大，通过地图可以有效了解作业区域和机场的距离（见图 9-3），判断是否处于禁飞区域和限飞区域。军事管理区、有保密要求的机关单位、大型的企业（如油库、码头、造船厂）等，也可以通过地图进行初步识别。

（2）气象

气象是影响飞行的重要因素，了解作业期间作业区域的天气情况十分必要，对飞行作业影响较大的天气因素有降水、风、温度等。大部分消费级无人机不能在降水的情况下作业，部分无人机有一定防水能力，如高科新农 M23 植保无人机防水可以达到 IPX7 级，但能够在大到暴雨中进行作业的民用无人机几乎没有。较高的风速会显著影响微轻型无人机的飞行性能，导致无人机飞行姿态不稳定，从而影响作业效果，无人机抗风能力一般会随着飞行全重的增加而变强。温度也是影响无人机飞行的重要因素：温度（特别是低温）可能对锂聚合物电池产生严重的不利影响，导致电池电压不足，无人机不能起动或续航时间大大降低，温度过高可能引发电池过热，发生燃爆事故；温度也有可能影响机架结构强度或任务设备的工作性能。此外，其他的气象要素也能产生一定影响，如云量过大不利于中高空作业。因此，气象对无人机飞行有明显的影响。

图9-3 通过地图工具识别的跑道，指示这里有机场

常用的天气信息可以通过天气预报获得，现有技术提供的天气预报具有相当高的准确度，但一般的天气预报给出的往往是某个地级市某一天的天气预报，对无人机作业来说天气信息覆盖范围过大，时效性也不够。如须获得更加实时或精确的天气信息，可以通过一些较专业的天气网站查找更加详细的天气信息（见图9-4），有条件的也可以建设飞行气象预报团队。

图9-4 广东省气象台网站可以查找详细的天气信息

（3）飞行管制信息

在模块2中已经介绍了部分飞行管理知识，包括无人机相关的法律规章、空域管理要求、实名注册要求、持证飞行要求、飞行申报要求、飞行过程监控要求等，在这里可以得到应用。除此以外，我国幅员辽阔，对无人机的本地管制或临时的管制信息发布也是十分频繁

的，前往国外飞行作业时也需要了解当地的飞行管理政策。长期有效的飞行管制区域信息是比较容易获取的，许多与无人机飞行相关的软件供应商都会提供机场或敏感位置禁/限飞区域查询服务（见图9-5），国家层面发布的法律规章传播度通常很高，比较容易通过系统学习获得。但临时发布的飞行管制区域或由地方政府颁布的飞行管理信息具有一定的随机性，需要在飞行任务开始前去收集这些管制信息。当出现重大活动时，往往会有临时的空域管制信息，可以通过当地公安部门网站发布的公告来详细了解，如图9-6所示。

图9-5　大疆 DJI GO App 里标注的长期有效的禁/限飞区域

图9-6　2018 年珠海航展期间珠海市公安局发布的无人机全城临时禁飞公告

9.3 飞行环境的现场调查

通过飞行环境资料调查，能够掌握作业区域的位置信息和飞行管制信息，但对于作业区域及其周边的情况只能是初步了解，不能做到完全准确。究其原因，一是资料调查具有滞后性，资料的更新周期可能以月或年计，但作业区域及其周边的情况是实时变化的，其描述的内容可能已不适用于当前（见图 9-7）；二是资料调查具有模糊性，不能事无巨细地描述作业区域及其周边情况，如电子地图就有分辨率限制，不能清晰地观察所有的地物信息，在一些较偏远的地区甚至不能显示较大比例的卫星图像。因此，需要进一步开展飞行环境的现场调查。

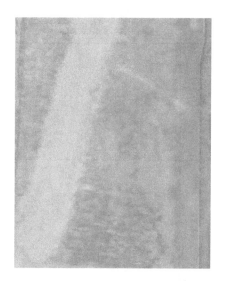

图 9-7　电子地图显示空地的某处位置（上）和实际已建成了居民小区（下）

飞行环境现场调查，顾名思义，就是前往飞行作业现场进行实地调查，其调查内容一方面是对飞行环境资料调查的补充，另一方面可以确定更多飞行方案的细节。根据《无人驾驶航空器飞行管理暂行条例（征求意见稿）》、部分地方政府颁布的"低慢小"航空器安全管理通告和飞行实践，下面整理了一些飞行环境现场调查中需要关注的部分信息，见表9-1。

表 9-1　飞行环境现场调查过程中需要关注的部分信息

项　目		图　示	说　明
起降场			选择干扰少、地势平缓、视野开阔的起降场地
应急降落区域			选择飞行影响最小的区域作为发生紧急情况的应急降落区域
交通设施	交通枢纽		受飞行威胁较大的区域，飞行风险可能引发严重事故或造成较大影响
	公路		
	铁路/轻轨		
	水运航道		

（续）

项　目		图　示	说　明
人群聚集区	广场/公园		受飞行威胁较大的区域，飞行风险可能引发严重事故或造成较大影响
	居民区/村庄		
	景点		
	学校		
	医院		
	商业中心		
风险物质企业/仓库/堆存场所			
供能/供水设施			

（续）

项　目	图　示	说　明
军事敏感区		信息敏感区域，容易造成信息泄露
政府机关		
保密单位		
供电设施		影响飞行，也容易被飞行影响的设施
通信设施		
其他高大或敏感设施		其他可能影响飞行的设施，如高大的树木、塔吊、建筑等

　　在有条件的情况下均推荐实施飞行环境的现场调查，条件不具备或飞行任务较简单，不能或不需要进行飞行环境现场调查时，推荐在飞行任务开始前安排时间进行现场勘察。在飞行实践中，我们也会遇到这样的情况：某条道路正在运行但车流量稀少，学校在寒暑假期间几乎没有人员活动，某广场在晚上才有大量人员活动，飞行区域内有村庄分布但只有几户人家……可见，飞行环境的现场调查不仅要考虑下垫面的设施，也要记录设施的活动水平。建议对调查内容进行记录，调查记录表见表9-2。制定飞行任务时，根据设施的活动水平优化飞行时间和飞行线路，以取得最大的安全收益。

表9-2　飞行环境调查记录表（样表）

序　　号	地物/事项	相对作业区方位/距离	最大相对高度/m	活动规律	安全隐患
1	宿舍楼	作业区内	40	静止障碍物	碰撞、隐私
2	操场	作业区内	0	上课时间人群聚集	坠落伤人
3	公路	正北10m	0	全天候车流往来	坠落致交通事故
4	…	…	…	…	…

单元10　航线规划

　　是否具有智能飞行能力是无人机飞行平台与航模的最主要区别，随着技术的发展，无人机智能化水平越来越高，从简单的一键返航、低电量/丢失信号自动返航/降落、避障等功能，到较复杂的热点跟随/追踪、兴趣点环绕、手势控制、视觉定位等功能，再到复杂的航线规划、综合环境感知、多机编队、多机协同（见图10-1）等功能，以及未来可期的能够完全自主制定和执行飞行任务的无人机等。

图10-1　拉菲罗·安德烈教授在TED演讲视屏中展示的三机协同拉网接抛球

　　在行业应用中，无人机的智能飞行能力一方面能够提升飞行的安全性，另一方面能够大大提高工作效率和工作质量。在一些工作中，智能飞行能力甚至是不可替代的，因此掌握一定的无人机智能飞行控制技能也是无人机驾驶技能的必要组成部分，根据《民用无人机驾驶员管理规定》和飞行实践，推荐进行地面站的航线规划技能训练。

航线规划是多旋翼无人机应用的常用技能，通过地面站规划一定的飞行路径，设置飞行路径或路径节点上的伺服动作，并设置无人机飞行平台的飞行参数，通过数据链传输给无人机飞行平台，无人机飞行平台就能够以设置的参数按规划的路径执行相应的动作，获取想要的数据信息。市场上有种类丰富的地面站软件能够支持航线规划，从飞行训练兼顾应用的角度出发，下面介绍几种基础实用的航线规划软件作为参考。

    （1）大疆创新 PC 地面站专业版（DJI PC GS PRO）

    DJI PC GS PRO 是安装于个人 PC 端的支持航拍无人机的航线规划软件，根据大疆创新官方网站介绍，大疆 PC 地面站专业版是一款可控制 DJI 飞行器实现自主航线规划及飞行作业的应用程序，可大幅提升搜索救援、消防等领域任务的执行效率。针对农业植保，地面站专业版支持通过航拍获取农田实况图像，并以此为基础制定植保任务并导入植保机开展自动作业，从而提升从规划到作业的工作效率。

    DJI PC GS PRO 有航点飞行和建图航拍两种航线规划功能，如图 10-2 所示。航点飞行能

a) 航点规划

b) 建图航拍

图 10-2　使用大疆 DJI PC GS PRO 进行航点规划和建图航拍

够增加最多99个航点连成航线，并为每个航点添加一系列航点动作。建图航拍能够根据用户设定的"几"字形航线执行航拍任务，在航拍任务进行中支持实时二维建图，有利于检验拍摄效果。DJI PC GS PRO用户界面清晰、简洁，使用体验好，配合使用手册，易懂易学。DJI PC GS PRO采用航点飞行，能够支持建立不规则航线，对不规则目标拍摄时可以节约飞行距离。DJI PC GS PRO目前版本只能够支持大疆精灵4系列无人机，支持机型狭窄。

（2）珠科创新Altizure App

在外场工作中，手机、平板等移动设备的便利程度要优于个人计算机，因此安装于移动设备的航线规划App种类实用性强，行业应用广泛。这里介绍珠科创新的Altizure App。Altizure App是能够安装在手机或平板等移动设备的航线规划App，支持多型号大疆品牌飞行器的连接使用。

Altizure App在功能上可能会略逊DJI PC GS PRO一筹，只能进行"几"字形航线规划（见图10-3），但能安装于移动设备的灵活性和支持机型的多样性是其较大的优势，在飞行训练阶段便于开展外场训练。Altizure App的使用和学习同样简单，完全可以通过教程自主学习。Altizure App目前版本不支持不规则航线的编辑，只能生成矩形航线，在拍摄不规则对象时会存在浪费飞行距离的问题，不过矩形航线也使得航线规划操作简化成了单击生成和大小缩放两个步骤，十分简单。Altizure App是免费使用软件，且能够配合Altizure丰富的建模产品使用，能满足基本航线规划、图像采集和图像拼接需求。

教学视频

图10-3 使用Altizure App地面站进行"几"字形航线规划

（3）其他航线规划软件

以上从飞行训练的角度出发，介绍了DJI PC GS PRO和Altizure App两款航线规划软件。此外，不少企业也都推出了航线规划软件，如大疆GS PRO、珞琪Rocky Capture、荔枝litchi等，各有特点，也可尝试和选用。简单易用往往是在牺牲了部分功能的基础上实现的，因此度过了飞行训练阶段后可以选择功能更多、专业性更强的地面站软件，以适应行业应用的需求。

单元11 应用实践

技能训练为应用服务，当每个分项技能训练成熟后，即可开展应用实践训练。应用实践训练就是将所学知识和技能灵活分配到需要完成的飞行任务中，进一步训练无人机驾驶员的综合能力。在模块1（无人机驾驶训练目标）单元1（认识无人机系统）1.3节（无人机的应用）中已经介绍了多样化的无人机应用场景，从中可以看出不同的应用场景对于机型、飞行方式、任务设备、飞行管理、保障措施、后处理方法都有差异化的要求。与理论知识的学习和飞行能力的训练一样，飞行训练阶段应当选取难度合适、可操作性强、能够最好达成训练目标的案例来进行应用实践。在多样化的无人机应用场景中，推荐选择环保领域的场地污染评估项目作为应用实践的对象，来训练无人机应用中需要掌握的基本技能和常用工作流程，也可以根据行业应用学习的需求，选择其他种类的案例进行应用实践。

首先对场地污染评估项目的背景做一个介绍。环境保护是当前公众比较关注的问题之一，如大气环境污染中的雾霾污染、水环境污染中的黑臭水体、生活中频繁遇到的噪声污染、固体废物污染中的生活垃圾处理问题等。场地污染评估属于土壤和地下水环境范畴的环境保护工作，建于某块场地上的工业企业等排污单位在运营过程中可能产生风险物质下渗，污染土壤和地下水。随着城镇化的发展，原污染型的生产单位需要关闭或搬迁，留下的场地可能被改建房地产、医院、学校等人员密集活动的建设项目。企业可以拆除或搬走，但其留下的土地和地下水还在原地。如果场地被污染了，可能对其上活动的人群健康产生影响，因此需要对场地的土壤环境和地下水环境污染情况进行评估，确保环境达标，如果不达标，应当进行场地治理，场地污染评估项目由此而来。

在场地污染评估过程中，获取场地的现状外貌、场地形状和面积、周边敏感点等情况对评估工作有较大助力，而传统的拍摄和调查手段难以获得良好的效果（见图11-1），因此使

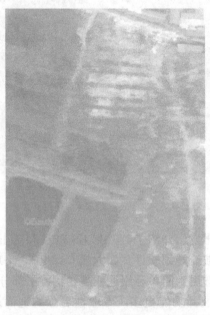

图11-1 电子地图获取的场地外貌较为模糊，不能满足场地污染评估需要

用无人机技术来帮助进行场地污染评估工作。通过多块场地的无人机应用实践，综合考虑成本因素、技术难度和可操作性，主要通过制作照片、视频、数字正射影像（DOM）、全景图等成果来提升场地污染评估效果，进一步可制作数字表面模型（DSM）、三维实景模型等成果来满足进一步的需求。

11.1 影像的获取

任务目标：获取某污染场地 X 平方公里的数字正射影像（DOM），制作全景图展示某污染场地周边情况和敏感点信息，按用户要求拍摄局部照片和视频作为补充。

任务区域：位于 XX 市 XX 区 XX 镇 XX 路 X 地块的梯形区域，其四个顶点坐标如下：

东经（E）XX 度 XX 分 XX 秒、北纬（N）XX 度 XX 分 XX 秒

东经（E）XX 度 XX 分 XX 秒、北纬（N）XX 度 XX 分 XX 秒

东经（E）XX 度 XX 分 XX 秒、北纬（N）XX 度 XX 分 XX 秒

东经（E）XX 度 XX 分 XX 秒、北纬（N）XX 度 XX 分 XX 秒

飞行环境调查：按照单元 9 进行飞行环境资料调查和现场调查。以某块场地为例，根据飞行环境资料调查，作业区域为地势平坦的开发区，周边多为建筑工地、农田和鱼塘，距离某机场约 15km，无其他飞行管制信息。前往作业区域进行飞行环境现场调查，并记录调查结果，形成的记录表见表 11-1。

表 11-1 飞行环境现场调查记录表

序 号	地物/事项	相对作业区方位/距离	最大相对高度/m	活动规律	安全隐患
1	工业企业	作业区内	6	搬迁待拆企业厂房	无
2	幼儿园	北 10m	15	尚未启用	无
3	道路	东 10m	0	车流量较少	坠落致交通事故
4	工业企业	东 50m	20	在生产的电子装配企业	坠落致伤人
5	建筑工地	南 20m	80	在建的高层小区	坠落致伤人
6	鱼塘和农田	西紧邻	0	无	无
…	…	…	…	…	…

任务方案：根据任务目标和飞行环境现场调查情况拟定任务方案，其要点如下：

1）数字正射影像（DOM）的制作要求获取一定重叠率的连续图像，拟采用航线规划软件进行"几"字形扫描航线获取，若一次扫描未能覆盖全部场地面积，则采取多次飞行的策略。在时间和资源允许的情况下，可以进行倾斜摄影作业，为后续用户可能提出的效果增益或三维实景模型等需求做好准备。

2）场地周边情况和敏感点信息主要通过全景图展示，全景图制作要求按一定规则拍摄一组照片，经过后处理后形成成果。全景图可以由手动操作无人机完成拍摄，也可以由无人机自带 App 或第三方 App 自动控制完成。

3）局部照片和视频的拍摄按照用户要求手动操作无人机完成，并可以根据用户需求进行再编辑或剪辑。

4）飞行高度不超过真高 120m。

5）根据气象信息，选择风速较低的晴好或多云天气开展作业；作业时段选择为 12 ~ 14 时，此时周边工地、工厂等设施进入午休阶段，可以最大限度降低安全风险。

6）本次作业主要获取场地外貌图像，对成果精度要求不高，通过正射摄影配合倾斜摄影能够满足进度要求，不进行控制点作业。

机型选择：考虑成本因素，选择性能可靠的微型消费级航拍机作为主力机型，可选择机型有大疆精灵 3P、大疆精灵 4 系列、大疆御系列等，配电池 8 个以上。

飞行风险评估：场地评估对象多为以搬迁/拆迁完毕的排污单位或空地，进行正射拍摄或全景图拍摄时可以将飞行区域控制在场地上方空域，飞行风险较小。进行倾斜摄影或视频拍摄时，会部分超出场地边界，带来一定的无人机坠落风险；本次作业使用性能可靠的微型无人机，超出场地边界区域时停留时间较短，飞行前做好严格检查并购买完善的保险，能够显著降低或消除风险。总体评估场地调查的飞行风险较小。

空域申请：按要求提交运营人信息、委托材料、作业区域经纬度、飞行高度、作业机型、飞行执照、飞行时间等信息，向空域管理部门申请飞行许可，并向当地民航和公安部门报备。

飞行作业：选择视野开阔、地面平整、干扰少的起降场地，严格进行飞行前检查，严禁无人机带"病"飞行。作业需按法律法规要求，配置驾驶员和观察员，持证驾驶，保持良好的精神状态，严禁病驾、酒驾、毒驾或疲劳驾驶等。向管理部门进行作业开始报告后，按照任务方案进行飞行作业，飞行作业过程中实时关注无人机飞行状态和电量，及时处置突发情况。

拍摄效果检查：任务结束后，现场检查拍摄的照片效果能否满足使用需求，检查的要点：存储是否到位，防止存储设备失灵或空间溢出导致存储失败或缺失；照片的重叠率是否满足后期拼图要求，特别检查边界照片的重复率是否满足拼图要求（见图 11-2），数字正射影像图一般要求至少有 3 张以上的照片重叠，有条件的可以进行现场快拼检查；拍摄照片是否覆盖拍摄范围；拍摄照片和视频是否存在曝光和对焦等问题；是否拍摄到旋翼、脚架、桨保护架等异常物体。若拍摄效果不能满足需求（见图 11-3），则应当查找问题原因，进行补拍或重新拍摄。

作业后报告：根据法律法规要求，作业完成后也需要向管理部门报告作业的详细信息。

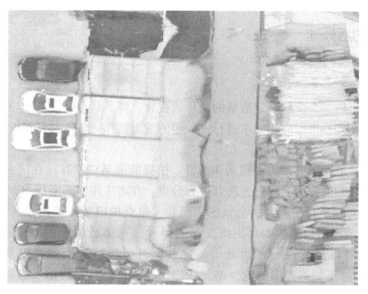

图 11-2　边界处拍摄照片重叠率低导致的图像拼接成果出现变形

a) 曝光过高

b) 拍入了桨保护架

c) 拍摄时段气象和光线条件较差导致照片模糊

图 11-3　拍摄常见问题

11.2 影像的后处理

1. 影像预处理

飞行拍摄结束后，会获取一定数量的照片或视频，将其从存储设备中导出后，需要进行归类、筛选、调整，并根据应用需求进行进一步的成果制作，整个过程都可以看作是影像的后处理。

首先进行照片或视频的归类、筛选和调整。拍摄的成果往往存储在同一个存储设备中，根据不同照片或视频的作用，可以先将其进行分类。在本应用实践案例中，可以将拍摄成果分为正射（或倾斜）成果用照片、全景图用照片、单点拍摄照片和视频。归类完毕后可以对照片做一些筛选，删除那些明显拍摄失误的照片，选出适用于进一步进行成果制作的照片。对选出的可以进行进一步后处理的照片，可以进行适当的亮度和色彩参数微调（见图 11-4），消除不利的光影影响，增强表现力，也可以对一些拍入的瑕疵进行微调。

a) 原照片   b) 处理后的照片

图 11-4　原照片和经过曝光、对比度调整后的照片

在调整照片的过程中，应当完整地保留照片的信息。无人机拍摄照片时，除获取可见光信息外，相机和其他传感器所获取的信息也有可能被附加到照片中，本次作业如使用大疆系列的无人机拍摄，所获取的照片就能附带有时间信息、图像信息、经纬度坐标信息、高度信息、拍摄相机参数信息等，在 Windows 系统下可以通过右键单击进入属性对话框来浏览这些详细信息（见图 11-5）。在调整照片的过程中或调整完毕的保存阶段都建议完整地保留照片所有的附带信息。照片附带信息在进行图像的进一步处理中能发挥重要作用，如果信息发生丢失，则需要人工输入这些丢失的信息，操作繁琐，大大增加了后处理的工作量。

图 11-5　照片详细信息中附带的拍摄相机信息

调整完毕后的照片和视频可以直接使用，如获取的照片就可以直接进行判读，识别图像中的有用信息，如图 11-6 所示。但大部分时候需要做进一步处理，以提高成果的表现力，挖掘其所有的可使用信息和发挥其所有功能。比如视频可以通过剪辑，将场地所关心的重点内容编辑到一起，并可以通过增加片头、片尾、配乐、转场、标注等内容来增强视频的可观赏度。

图 11-6　照片的直接应用，识别到场地内有未清理的建筑垃圾

显然，直接使用照片获取信息存在很大的局限性，单幅画面包含的景物不全，只能看到局部，因此需要进行拼图作业。照片数量较少时，可以使用常用的图像编辑类软件直接对接拼图，市场上此类图像软件较多，Photoshop（简称 PS）最为大家所熟知。使用图像编辑软件的优点是软件选择多、普通办公计算机就可操作、对硬件资源要求低、出图速度快、对照片的重叠率要求低、拼图完成后可直接编辑图像标注所需信息，缺点是照片数量较多时拼接效率极低、普通的图像编辑软件只能对可见光信息进行调整拼接且拼接出的图像难以提取其他数字信息、大多只能进行二维图形的编辑。这时就需要使用其他种类的图像处理软件。

2. 成果制作

根据任务目标，本应用实践还至少需制作全景图和数字正射影像（DOM）。

全景图是一种展示拍摄点周边 720° 全部影像的图形，图形经折叠后可以呈现一定的虚拟现实（VR）效果。全景图出现较早，使用相机就可拍摄图源，在其他领域已有一定的应用，在商场指引、房屋租售等领域使用全景图，可以让客户不必去现场即可了解建筑内部的结构和装饰信息。无人机技术发展后，全景图获得了高空拍摄视角，在场地污染评估领域，高空视角在展示场地周边信息和敏感点信息时展现出良好的性价比。航拍全景图制作并不复杂，使用航拍无人机在一定高度按一定规律拍摄获得图源后（见图 11-7），通过全景图拼接软件拼接后（见图 11-8）上传到全景图发布网站，即可通过个人 PC 或常用的通信软件分享（见图 11-9）。市场上有较多种类的全景图拼接软件，如 PTGUI、PanoramaStudio、Panorama Tools、PixMaker 等，可发布的公开平台或不公开平台均存在，常见的公开发布平台有 720 云全景，大疆天空之城等。全景图制作技术简单、展示效果明显，有利于无人机应用技能的学习。但全景图仍然不属于数字化的成果，不能形成数字正射影像（DOM）。

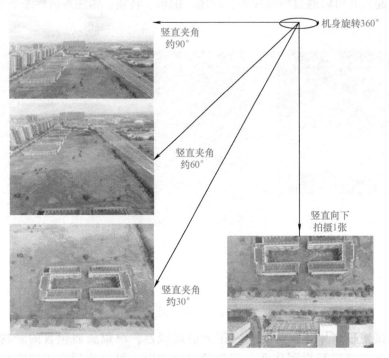

图 11-7　全景图拍摄方法示意图

图 11-8　展开状态的全景图，能够良好地展示场地周边情况

　　数字正射影像（DOM）的制作需要使用专门的航拍图像或建模处理软件。常用的航拍图像或建模处理软件有 Pix4Dmapper、ContextCapture、Agisoft PhotoScan 等，Altizure 等网站也提供在线拼图服务。专门的航拍图像处理软件/服务能进行图像自动拼接，其图源是一组

图 11-9　上传发布后打开 VR 模式的全景图，能够配合 VR 眼镜产生身临其境之感

有一定重叠率的带有数字信息的照片（见图 11-10），拼接完成后可以获得丰富的数字化成果，数字正射影像（DOM）是其中常见的一种（见图 11-11）。场地的数字正射影像制作首先能提供足够清晰的场地外貌图像，弥补使用电子地图图像模糊的缺陷，有利于提升项目成果展示效果。其次，数字正射影像是带有数字信息的图片，通过软件可以提取其中的信息，获得更多的实用功能，最常见的就是提取其距离和面积信息，能够为场地评估范围和采样点位的设置提供一定的数据支持。

DJI_0032.JPG　　　　　DJI_0033.JPG　　　　　DJI_0034.JPG　　　　　DJI_0035.JPG

图 11-10　连续的有一定重叠率的照片示意图

图 11-11　使用拼图软件/服务获取的数字正射影像（DOM）

除获取数字正射影像（DOM）外，专门航拍图像或建模处理软件还能制作其他类型的数字成果，常见的有三维实景模型、点云数据、数字表面模型（DSM）、数字地形模型（DTM）、数字高程模型（DEM）、多光谱成果等（见图 11-12），形成 TIFF、LAS、TFW、OBJ、DWG、TXT 等多种格式的文件。

a) 三维实景模型

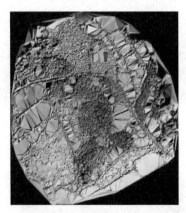

b) 数字表面模型

图 11-12　三维实景模型和数字表面模型

这些数字化成果不仅本身具有直接展示信息的能力，更可贵的是可以以较通用的文件格式存在，能够支持导入其他种类丰富的后处理软件。这种对接意义重大，可以将无人机的工作成果拓展到广阔的制图、地理信息、三维建模等领域，与相关应用对接，极大地丰富了无人机的应用范围。下面略做介绍，为多旋翼无人机应用技能的深入训练提供一些选择方向。

（1）地理信息系统软件

地理信息系统（Geographic Information System，GIS），其应用软件主要用于获取、整理、编辑、分析、管理、输出和应用地理空间数据信息。GIS 软件中知名度最高、应用最广的是 ArcGIS，ArcGIS 是一个集合诸多空间信息处理功能的平台，其本身就可拼接无人机航拍图像，也可对丰富的无人机数字化成果进行深入的编辑和应用，如使用 ArcMap 处理数字正射影像（DOM）就十分普遍（见图 11-13）。除 ArcGIS，还有 MapGIS 系列、GISVRMap3.0 和 GeoStar 等。

图 11-13 ArcMap 与无人机航拍成果结合进行某区域蔬菜种植调查

（2）电子地图

电子地图在极大地方便人类生活方面是有目共睹的，实际上，电子地图的作用远不止查找位置、出行导航这些功能。电子地图是一项集合图像、空间信息、二维/三维模型等丰富数字信息的强大工具。电子地图不仅是无人机执行飞行任务的重要依托工具，更能够展示和辅助修正无人机航拍影像数字化成果。常见的电子地图有高德地图、百度地图、谷歌地图、搜狗地图等。

（3）Global Mapper

Global Mapper 简单易用却功能强大，能够处理常见的矢量数据、栅格数据和高程数据，支持的地理空间数据格式多达225种。Global Mapper 能够对无人机航拍影像数字化成果中的数字正射影像（DOM）、点云数据、数字高程模型（DEM）等成果进行处理。Global Mapper 软件主要包括数字化工具和数据分析两大部分主要功能。

（4）3DMAX

3DMAX 是 Discreet 公司（后被 Autodesk 公司合并）开发的基于 PC 系统的三维动画渲染和制作软件，广泛应用于广告、影视、工业设计、建筑设计、三维动画、多媒体制作、游戏、辅助教学以及工程可视化等领域。3DMAX 可以处理无人机航拍影像数字化成果中的三维实景模型和其他种类的格式文件。相似的软件还有 MAYA、CINEMA 4D 等。

（5）AutoCAD

作为自动计算机辅助设计软件，AutoCAD 被用于二维绘图、详细绘制、设计文档和基本三维设计，现已成为国际上广为流行的绘图工具。AutoCAD 可以处理无人机航拍影像数字化成果或经过格式转换后的成果文件，获得的成果通用性较强，还能够与 ArcGIS 等软件联用。在一些建筑类、雕塑类文物的数字化过程中，就有将无人机技术、倾斜摄影技术、三维建模技术与 AutoCAD 软件联合应用的案例。

综上所述，无人机的应用过程大致可分为内业—外业—内业。先进行内业——制定工作方案；再执行外业——执行飞行任务；再回归到内业——数据处理和成果制作。无人机的应用实践技能不仅包括使用无人机获取信息能力，也包括对信息的处理和应用能力，甚至了解行业应用的需求并根据需求制定无人机应用方案的能力，这些能力往往比执行飞行任务的能力更加重要。无人机任务设备多样，不仅限于可见光传感器（照相机是最常见的可见光传感器），还可以是红外传感器、多光谱传感器、雷达、声呐、检测传感器、通信中继设备、运输仓、扬声器、灯光设备等，应用实践的开展可以根据岗位需求灵活制定（见图 11-14）。

图 11-14 腾盾科技研发的可更换任务设备的无人机，可以装备货运吊舱、
通信吊舱、遥感吊舱、水上吊舱等

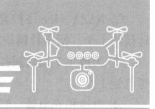

✦ 模块5 | 实训

> **导学：** 为更好地掌握理论知识、飞行能力和应用能力，需要通过一定的实训课程来推进学习的进程。特别是理论知识的学习需要与实践相结合才能达到更好的学习效果，实训就是两者结合的良好平台。根据应用和教学实践，本模块设计了几个实训项目，推荐根据教学需要选取使用。多旋翼无人机驾驶技能需要多样化的知识和技能，在考核上也需要有多样化的考核方式，本书推荐使用"飞行记录＋理论考试＋实践技能"的组合方式进行考核。

推荐实训1　组装四轴多旋翼无人机

（一）实训目的

组装视频　调试视频

1）能够组装四轴多旋翼无人机，并成功试飞。

2）掌握多旋翼无人机的基础结构知识，培养多旋翼无人机的基础维保能力。

3）能够对常见飞控软件进行调试，掌握多旋翼无人机基础飞行参数的设置。

（二）实训内容及要求

1）按步骤完成多旋翼无人机的组装，组装正确、结构美观。

2）使用航模遥控器和飞控软件对无人机参数进行调试，调试步骤正确、参数设定合理。

3）对调试的无人机进行试飞，能够短暂离地，体会无人机驾驶难度。

（三）实训步骤

1）辨识简单四轴无人机的基本配件，本次实训采用的配件及参数如下：

① 大疆 E300 动力套装：450 机架 1 副、外转子电动机 4 个、电子调速器 4 个、桨 3 对（1 对备用）、螺钉两包。

②NAZA-lite 飞控套装：NAZA-lite 飞控 1 个、电源模块 1 个、LED 模块 1 个、指南针模块 1 个、指南针模块支架 1 个、信号线和 3M 胶若干。

③天地飞 7 通道遥控器 1 套：天地飞 7 通道遥控器 1 个、原配接收机 1 个、1S 遥控器锂电池 1 个。

④电池和充电器：5300mA·h 动力 3S 锂电池（XT60 插头）、B6 平衡充电器。

⑤组装工具和配件：电烙铁（40W 以上）、六角螺钉旋具、扎带、魔术贴、3M 胶、万能胶等。

2）依照视频、样机和教师指导组装多旋翼无人机，主要步骤如下：

①电子调速器（电调）、主电源线和电源模块焊接到下中心板上。

②安装机臂和电动机，注意红色机臂为机头，将电调安装在机臂上并与电动机连接。

③安装飞控、LED 模块、接收机到合适位置，安装 GPS 模块支架并固定在上中心板上，然后进行信号线的连接。

④整理连接线路和检查紧固件。

3）依照视频和教师指导调试多旋翼无人机，主要步骤如下：

①PC 端安装 NAZA-lite assistant 调参软件，不安装螺旋桨，打开遥控器，给飞控供电，与接收机对频（如需要），用 USB 连接线连接 LED 模块进行调参。

②选择正确的接收机形式，校准遥控器，设置 5 通道拨钮正确对应手动、姿态和 GPS 模式。

③设置 GPS 模块安装位置参数，设置电池电压报警参数。

④设置感度参数。

⑤设置失控保护和智能飞行参数。

⑥拔下 USB 连接线，不安装螺旋桨，使用内八或外八解锁电动机，检查电动机旋转方向是否与设计方向一致。

4）解锁和短暂地离地试飞。正确安装螺旋桨，使用内八或外八解锁电动机，轻推油门到无人机微微离地，观察组装效果，拉油门到最低，直至螺旋桨停止旋转。

（四）关键步骤图示

1. 电动机安装和编号示意

大疆 NAZA-lite 飞控电动机编号和旋转方向如图 S-1 所示。从机头方向的右上角开始，电动机编号为 M1、M2、M3、M4，旋转方向分别为逆时针、顺时针、逆时针、顺时针。

2. NAZA-lite 飞控连接线示意图

NAZA-lite 飞控与接收机（天地飞 7）、电源模块、LED 模块、GPS 模块和电动机的连接如图 S-2 所示。

X形四旋翼无人机

图 S-1 大疆 NAZA-lite 飞控电动机编号和旋转方向

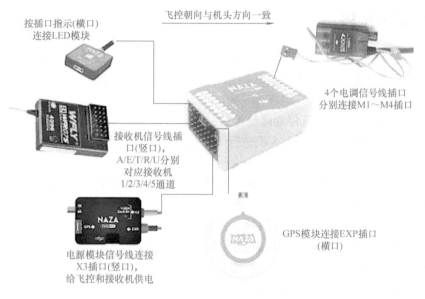

按插口指示(横口)
连接LED模块

飞控朝向与机头方向一致

4个电调信号线插口
分别连接M1～M4插口

接收机信号线插口(竖口)，A/E/T/R/U分别对应接收机1/2/3/4/5通道

GPS模块连接EXP插口(横口)

电源模块信号线连接X3插口(竖口)，给飞控和接收机供电

图 S-2　大疆 NAZA－lite 飞控接口与设备连接示意图

推荐实训 2　驾驶四轴多旋翼无人机

（一）实训目的

1）能够使用飞行模拟器对飞行动作进行练习。

2）能够驾驶四轴多旋翼无人机进行平稳起降和悬停。

3）能够驾驶四轴多旋翼无人机进行八面悬停飞行，有能力的进行慢速水平 360°飞行。

4）能够进行飞行前检查和飞行后检查。

5）能够进行圆形航线飞行，有能力的进行水平 8 字飞行。

（二）实训内容及要求

1）安装、设置飞行模拟器，按照训练流程使用飞行模拟器进行模拟飞行训练。

2）平稳起降和悬停训练，能够垂直平稳起降，起飞后定点悬停，偏离不超过一个机身位。

3）八面悬停训练，从对尾 0°开始，向左或向右转动航向，进行 45°、90°、135°、180°、225°、270°、315°八个方向的悬停训练，偏离不超过一个机身位。

4）飞行前后检查，检查内容包括无人机系统外观、紧固件、连接线、电量、电子设备状态、信号、飞行环境等。

5）进行逆时针或顺时针圆形航线飞行。

（三）实训步骤

1）选择安装合适的飞行模拟器，设置飞行模拟器的参数，按照单通道悬停练习、双通道悬停练习、全通道悬停起降练习、八面悬停练习、慢速水平 360°、水平 8 字的流程进行模拟飞行练习。

2）模拟训练通过全通道悬停起降练习后，可以开展实机和模拟配合练习，选用安装调试完毕的 1.5kg 以下四轴多旋翼无人机进行飞行训练，选择较为开阔、人为干扰少的场地作为飞行练习场。

3）开展飞行前检查，检查内容包括无人机系统外观、紧固件、连接线、电量、电子设备状态、信号、飞行环境等。

4）检查完毕后，连接电源进行预热，驾驶员距离无人机 3m 左右，预热结束后解锁无人机，按照全通道悬停起降练习、八面悬停练习、慢速水平 360°、水平 8 字的流程进行模拟器和实机配合训练。

5）飞行练习过程中应关注无人机的飞行状态，关注无人机和遥控器电量信息，及时做出调整。

（四）关键步骤图示

1）慢速水平 360°飞行动作如图 S-3 所示。
2）水平 8 字飞行动作如图 S-4 所示。

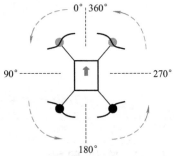

图 S-3　慢速水平 360°示意图

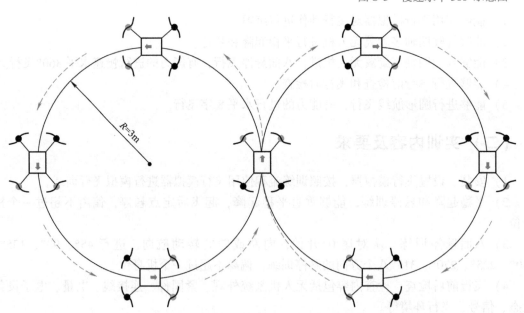

图 S-4　水平 8 字示意图

推荐实训3　飞行环境调查

（一）实训目的

1）能够综合分析飞行作业区域环境对飞行安全的影响。
2）能够通过地图、法律法规等资料判断作业环境是否适合飞行。
3）能够通过现场调查辨别影响飞行的地表设施。

（二）实训内容及要求

1）能够识别出飞行作业区域是否为机场禁飞区、军事禁飞区、限制飞行区等区域。
2）能够识别出影响飞行的地表突出物。

（三）实训步骤

1）划定作业区范围。
2）通过查找各类型地图和法律法规判断飞行作业区是否为机场禁飞区、军事禁飞区、限制飞行区等区域，若是则调整作业区。
3）对飞行作业区进行现场勘察，记录影响飞行的地物或事项，形成记录表，样表见表S-1。
4）丰富勘察结果，估计影响飞行地物的距离或高度，判断影响飞行事项的活动规律。
5）影响飞行的地物包括建筑、树木、输电线路、山丘、交通干线、路灯、通信基站、烟囱等，影响飞行的事项包括人群集中区、交通线。拍摄照片取证。
6）根据调查结果分析，选择起降地点和备用地点，并制定对应的飞行计划。

表 S-1　飞行环境调查记录表（样表）

1. 作业范围：
2. 是否禁飞区：　　　　　　　　　　　　　　是否限飞区：
3. 起降场选择：
4. 天气情况：
5. 影响飞行的地物及其活动规律记入表：

序　　号	地物/事项	相对作业区距离/m	最大相对高度/m	活动规律	安全隐患
1	宿舍楼	作业区内	40	静止障碍物	碰撞、隐私
2	操场	作业区内	0	上课时间人群聚集	坠落致伤人
3	桂丹路	10	0	全天候车流往来	坠落致交通事故
4					
5					
…					

证明图片：

推荐实训 4　航拍操作训练

（一）　实训目的

1）能够驾驶四轴多旋翼航拍无人机进行安全飞行。

2）能够驾驶四轴多旋翼航拍无人机进行摄影和视频拍摄。

3）能够组成驾驶员和观察员的双人工作小组，执行飞行任务。

（二）　实训内容及要求

1）学习航拍无人机的驾驶方法和相机摄影的基础知识。

2）使用四轴多旋翼航拍无人机拍摄一组校园生活照片和视频。

3）对拍摄的照片和视频进行删选，分析拍摄优缺点，选出至少 3 张照片和一段视频作为成果。

（三）　实训步骤

1）选择较为开阔的场地进行航拍无人机的适应性飞行训练，了解图传知识和第一视角飞行知识，确保电量、指南针、IMU、传输信号、云台和相机等参数检查正常。

2）掌握飞行技术后，选择校园某一场地为拍摄对象，进行拍摄创作。

3）飞行高度不得超过 120m，飞行范围不得超出校园，拍摄过程不得影响正常的教学、办公和休息活动。

4）按小组创意设计需求拍摄一组照片或视频，拍摄建议如下：

① 拍摄前应设计好拍摄剧本、规划好无人机的运动航线，对可能影响飞行的障碍物做到心中有数，驾驶员和观察员密切配合，完成拍摄任务。

② 拍摄前应设定所需的相机参数，包括影像格式、影像比例、拍摄模式，拍摄过程中应注意对焦、曝光值、白平衡等常见参数的设置。

③ 使用常见的航拍技巧拍摄照片，如正射、鸟瞰、局部；拍摄视频，如平移、后退、拉升、刷锅等。

④ 导出照片和视频，进行拍摄总结，筛选出优质作品，做好统计。并将结果记录表 S-2。

表 S-2　拍摄结果

成果形式	初始数量		优质数量		拍摄缺点
照片	张数：	张	张数：	张	
视频	总时长：	秒	总时长：	秒	

（四）　拍摄成果

行业应用中常用的鸟瞰和正射拍摄成果如图 S-5、图 S-6 所示。

图 S-5　鸟瞰图

图 S-6　正射图

附录　推荐考核方案

多旋翼无人机驾驶技能的考核推荐使用"飞行经历记录表 + 理论知识考核 + 飞行能力考核"的方式进行，推荐占比为 20% + 30% + 50%。

（一）飞行经历记录表（推荐占比 20%）

按照训练要求，训练结束后要填写飞行经历记录，该记录可以被引入到考核中，可以使用民用无人机驾驶员飞行经历记录表，也可以对表格进行适当改造，使之更加利于课程使用。飞行经历记录表纳入考核十分实用：每次训练都需填写，兼顾了考勤；及时记录并总结学习进度和心得，形成了良好的学习反馈。推荐使用样表如下：

飞行经历（学习）记录表（本项占考核比例 20%）							
姓名：　　　　　学号：　　　　　班级：							
日期	飞行器型号	学习任务	飞行地点	飞行时长/min	实践项目（模拟/带飞/单飞）	学习评价	教师签名
样例	F450	对尾悬停训练	学校训练场	20	带飞	打杆协调性较好，修正不够及时	

（二）理论知识考核（推荐占比 30%）

归纳多旋翼无人机驾驶技能所需的无人机系统知识、飞行原理知识、气象知识、飞行管理知识、应用知识等要点，形成纸质或电子版的考核试卷，对理论知识部分进行考核，推荐使用选择题或简答题的形式进行考核，总分为 100 分，获得分值后按 30% 的比例折算计入最后成绩。

（三）飞行能力考核（推荐占比 50%）

飞行能力考核是多旋翼无人机驾驶技能的最主要部分，推荐采用考核表的方式：采用考核表能够明晰训练技能，对所需训练的技能一目了然；采用考核表能够掌握训练的进度，不仅能掌握自己的进度也能掌握同学者的进度，产生内外的训练压力。考核表技能排列顺序大致和训练进程相匹配，分值按照训练难度赋值。飞行能力考核表的使用方式：学生掌握该技能后向教师申请考核，考核通过由教师签名确认，获得该项技能对应分数；技能数量和分数设置有溢出，学生不必通过每项技能考核，可按需选择考核的技能和分数，满足不同层次的学习需求；获得分数总和按 50% 比例折算计入最后成绩。样表如下：

飞行能力考核表（本项占考核比例50％）

姓名：　　　　　　学号：　　　　　　　班级：

序号	技　能	要　　求	是否通过	教师签名
1	单通道模拟训练（得分5）	悬停偏离不超过一个机身位		
2	双通道模拟训练（对尾）（得分5）	悬停偏离不超过一个机身位		
3	四轴无人机组装（得分5）	1. 组装正确、结构美观 2. 试飞正常		
4	双通道模拟训练（右侧）（得分5）	悬停偏离不超过一个机身位		
5	双通道模拟训练（左侧）（得分5）	悬停偏离不超过一个机身位		
6	全通道模拟训练（对尾、左侧、右侧）（得分5）	悬停偏离不超过一个机身位		
7	实飞起降和悬停（得分5）	1. 起降平稳 2. 悬停偏离不超过一个机身位		
8	全通道模拟训练（对头）（得分10）	悬停偏离不超过一个机身位		
9	全通道模拟训练（八面悬停）（得分5）	悬停偏离不超过一个机身位		
10	实机360°定点自旋（得分20）	悬停偏离不超过一个机身位		
11	实机水平8字（得分20）	1. 按点走出水平8字航线 2. 悬停偏离不超过一个机身位		
12	飞行环境调查（得分5）			
13	航拍获取航拍影像（得分5）	获取清晰航拍图片或视频		
14	航拍影像后期处理（得分10）	拼接图片或剪辑视频		
15	航拍影像的深度处理（得分20）	制作满足专业应用需求的成果		

参 考 文 献

[1] 孙毅. 无人机驾驶员航空知识手册 [M]. 北京：中国民航出版社，2014.

[2] 蔡志洲，林伟，等. 民用无人机及其行业应用 [M]. 北京：高等教育出版社，2017.

[3] 蔡志洲，等. 小微型无人机应用——环境保护和水土保持 [M]. 北京：高等教育出版社，2017.

[4] 于坤林，陈文贵. 无人机结构与系统 [M]. 西安：西北工业大学出版社，2016.

[5] 王桥，王晋年，杨一鹏，等. 环境监管无人机遥感技术与应用 [M]. 北京：科学出版社，2014.

[6] 符长青，曹兵. 多旋翼无人机技术基础 [M]. 北京：清华大学出版社，2016.

[7] 万刚，等. 无人机测绘技术及应用 [M]. 北京：测绘出版社，2015.

[8] 梁煜端. 无人机系统在城中村改造中的应用研究 [J]. 北京测绘，2018，32(10)：1182-1185.

[9] 曹培国，姚磊，李奎英，等. 三维实景地图生产与应用 [J]. 山东国土资源，2018，34(9)：87-91.

[10] 张韩涛，刘怡彪. 无人机系统维护方式研究 [J]. 山东工业技术，2018(15)：141.

[11] 高俊杰. 无人机安全飞行风险评估研究 [D]. 成都：中国民用航空飞行学院，2018.

[12] 王彦卓，王淑伟. 无人机在水保功能恢复鉴定的应用 [J]. 水利科学与寒区工程，2018，1(4)：46-50.

[13] 夏铭禹，赵凯，倪威. 要地防控反无人机系统及其关键技术 [J]. 指挥控制与仿真，2018，40(2)：53-60，71.

[14] 陈棋，刘建光. 民用无人机综合管理模式研究 [J]. 中国无线电，2018(3)：33-36.

[15] 卢艳军，刘季为，张晓东. 无人机地面站发展的分析研究 [J]. 沈阳航空航天大学学报，2014，31(3)：60-64.